の周期表

10	11	12	13	14	15	16	17	18
								2 He 4.003 ヘリウム
			5 B 10.811 ホウ素	6 C 12.011 炭素	7 N 14.007 窒素	8 O 15.999 酸素	9 F 18.998 フッ素	10 Ne 20.180 ネオン
			13 Al 26.982 アルミニウム	14 Si 28.085 ケイ素	15 P 30.974 リン	16 S 32.065 硫黄	17 Cl 35.453 塩素	18 Ar 39.948 アルゴン
28 Ni 58.693 ニッケル	29 Cu 63.546 銅	30 Zn 65.38 亜鉛	31 Ga 69.723 ガリウム	32 Ge 72.630 ゲルマニウム	33 As 74.922 ヒ素	34 Se 78.971 セレン	35 Br 79.904 臭素	36 Kr 83.798 クリプトン
46 Pd 106.42 パラジウム	47 Ag 107.868 銀	48 Cd 112.414 カドミウム	49 In 114.818 インジウム	50 Sn 118.710 スズ	51 Sb 121.760 アンチモン	52 Te 127.60 テルル	53 I 126.904 ヨウ素	54 Xe 131.293 キセノン
78 Pt 195.084 白金	79 Au 196.967 金	80 Hg 200.592 水銀	81 Tl 204.38 タリウム	82 Pb 207.2 鉛	83 Bi 208.980 ビスマス	84 Po (209) ポロニウム	85 At (210) アスタチン	86 Rn (222) ラドン
110 Ds (281) ダームスタチウム	111 Rg (280) レントゲニウム	112 Cn (285) コペルニシウム	113 Nh (286) ニホニウム	114 Fl (289) フレロビウム	115 Mc (289) モスコビウム	116 Lv (293) リバモリウム	117 Ts (294) テネシン	118 Og (294) オガネソン

64 Gd 157.25 ガドリニウム	65 Tb 158.925 テルビウム	66 Dy 162.500 ジスプロシウム	67 Ho 164.930 ホルミウム	68 Er 167.259 エルビウム	69 Tm 168.934 ツリウム	70 Yb 173.045 イッテルビウム	71 Lu 174.967 ルテチウム
96 Cm (247) キュリウム	97 Bk (247) バークリウム	98 Cf (251) カリホルニウム	99 Es (252) アインスタイニウム	100 Fm (257) フェルミウム	101 Md (258) メンデレビウム	102 No (259) ノーベリウム	103 Lr (262) ローレンシウム

物理化学入門シリーズ

編集
原田義也・大野公一・中田宗隆

化学結合論

中田宗隆 著

裳華房

THE THEORY OF CHEMICAL BONDING

by

MUNETAKA NAKATA

SHOKABO

TOKYO

刊 行 趣 旨

　本シリーズは，化学系を中心とした理工系の大学・高専の学生を対象として，基礎物理化学の各分野について2単位相当の教科書・参考書として企画したものである．その目的は，物理化学の最も基本的な題材を選び，それらを初学者のために，できるだけ平易に，懇切に，しかも厳密さを失わないように，解説することにある．特に次の点に配慮した．

1. 内容はできるだけ精選し，網羅的ではなく，基礎的・本質的で重要なものに限定し，それを十分理解させるように努める．
2. 各巻はできるだけ自己完結し，独立して理解し得るようにする．
3. 数学が苦手な読者のために，数式を用いるときは天下りを避け，その意味や内容を十分解説する．なお，ページ数の関係で，数式の導出を簡単にしなければならない場合には，出版社のwebサイトに詳細を載せる．
4. 基礎的概念を十分に理解させるため，各章末に5～10題程度の演習問題を設け，解答をつける（必要に応じて，詳細な解答を出版社のwebサイトに掲載する）．
5. 各章ごとに内容にふさわしいコラムを挿入し，読者の緊張をほぐすとともに学習への興味をさらに深めるよう工夫する．

　以上の特徴を生かすため，各巻の著者には，物理化学研究の第一線で活躍されている方で，本シリーズの刊行趣旨を十分に理解された方にお願いした．その際，編集委員の少なくとも2名が，学生諸君の立場に立って，原稿をよく読み，執筆者と相談しながら，内容の改善や取捨選択の検討を行った．幸い，執筆者の方々のご協力によって，当初の目的が十分遂げられたと確信している．

　最後に，読者の皆様に本シリーズ改善のために率直なご意見を編集委員会に送っていただくことをお願いする．

「物理化学入門シリーズ」編集委員会

はじめに

「中田君，大学で使う教科書はわかりやすくてはいけない．もっと威厳がなくてはいけない．」これは私が最初の教科書を書いたときに，ある東京大学名誉教授の先生から賜ったお言葉である．日頃，尊敬する先生だっただけに，思いもよらぬ言葉に耳を疑ったが，自分が大学生時代にどうして講義を理解できなかったのか，その理由がなんとなくわかったような気がした．もしかしたら，大学の先生は教科書と同じように，「講義はわかりやすくてはいけない，威厳がなくてはいけない」と思っていたからかもしれないし，学生が理解できるわかりやすい教科書を使っていなかったからかもしれない．でも，本当にそれでよいのだろうか．

私はその先生の言葉に逆らって，その後もわかりやすい大学の教科書を書き続け，それなりに多くの読者の支持を受けてきた．この『化学結合論』もその路線に基づいて書かれた教科書である．わかりやすく，そして，読んでいて楽しくなることを執筆のスタンスとしているがゆえに，スペースの関係で，内容は最も基本的で重要な項目を厳選している．学生がもっと知りたいと思ってくれるならば，私の教科書はそれで十分に役割を果たしたと考えている．今はインターネットの時代である．もっと知りたいと思えば，インターネットで好きなだけ情報を集めることができる（ただし，信憑性の乏しい情報も多いので，正しいかどうかの判断ができる能力を身に付けてほしい）．

「化学結合論」は化学で最も重要な基礎知識である．物理化学はもちろんのこと，無機化学でも有機化学でも，化学結合を正しく理解していなければ何も始まらない．そのためには，量子論を使って化学結合を正しく理解する必要があるが，スペースの関係で式の展開を避けつつ，それでも大事な概念を正しく理解できるように努力した．第1章から第4章では，最初に原子の

中の結合について解説し，最も簡単な分子である二原子分子を使って，波動関数とその物理的意味，そして，波動関数の重なりによって生まれる共有結合について説明した．第5章から第8章では，化学でよく目にする基本的な多原子分子について，その共有結合と，その結合によって生まれる分子全体の形，そして分子の多様性と柔軟性について説明した．第9章から第14章では，身近な物質の化学結合について，とくに，結晶を中心に説明した．どうして結晶を題材に選んだかというと，結晶はいろいろな化学結合の代表例だからである．ダイヤモンドのような共有結合であったり，塩(しお)のようなイオン結合であったり，金(きん)のような金属結合であったり，氷のような水素結合であったり，ドライアイスのようなファンデルワールス結合であったりというように，化学結合の本質とそれぞれの違いを学ぶためには最も適した題材だからである．

　他の教科書と読み比べるとすぐにわかるが，この教科書では，すべての化学結合を包括的かつ系統的にとらえるという新しい試みをしている．これまでの教科書にはなかったとらえ方である．そして，最後まで読んでみると，化学結合の全体像の美しさに感激してもらえるのではないかと期待している．学問とは美しいものであり，その美しさの中に真実が見えてくると，私は信じている．

　この教科書のもう一つの特徴として，化学結合の本質とともに，無機化合物と有機化合物の分子構造がどのようなものであるかについても，包括的かつ系統的に扱っている．したがって，化学結合論だけでなく，構造化学の教科書としても，また，無機化学や有機化学の参考書としても使えるようになっている．少しでも多くの読者が，この「化学結合論」の新しい姿を楽しんでくれることを期待している．

2012年8月

中　田　宗　隆

目　次

第 1 章　原子の構造と性質

1.1　原子核を構成する粒子 ………… 1
1.2　原子の質量と質量欠損 ………… 3
1.3　核融合と核分裂 ………………… 6
1.4　原子量と物質量 ………………… 8
1.5　原子核の大きさと
　　　原子の大きさ ………………… 9
演習問題 ……………………………… 11

第 2 章　原子軌道と電子配置

2.1　古典的な電子構造モデル …… 13
2.2　量子数と原子軌道関数 ……… 15
2.3　原子軌道の形 ………………… 16
2.4　原子軌道のエネルギーと
　　　周期表 ………………………… 18
2.5　イオン化エネルギーと
　　　電気陰性度 …………………… 21
演習問題 ……………………………… 24

第 3 章　分子軌道と共有結合

3.1　原子と原子が近づくと ……… 25
3.2　結合性軌道と反結合性軌道 … 27
3.3　分子の電子配置のルール …… 29
3.4　2p 軌道からは σ 軌道と
　　　π 軌道ができる ……………… 31
3.5　結合エネルギーと結合距離 … 34
演習問題 ……………………………… 36

第 4 章　異核二原子分子と電気双極子モーメント

4.1　H 原子と Li 原子を近づけると　37
4.2　BeH と BH の共有結合と
　　　電子配置 ……………………… 38
4.3　異核二原子分子の結合距離 … 41
4.4　CO と NO の共有結合と
　　　電子配置 ……………………… 42
4.5　電気双極子モーメント ……… 45
演習問題 ……………………………… 47

第 5 章　混成軌道と分子の形

5.1　BeH_2 と sp 混成軌道 ………… 49
5.2　BH_3 と sp^2 混成軌道 ………… 51
5.3　CH_4, NH_3, H_2O と
　　　sp^3 混成軌道 ………………… 52
5.4　VSEPR 理論による
　　　分子の形の予測 ……………… 55
5.5　特殊な共有結合 ……………… 58
演習問題 ……………………………… 60

第6章　配位結合と金属錯体

6.1　非共有電子対が結合する ……… 61
6.2　金属錯体と配位子 ……………… 63
6.3　4配位の金属錯体の形 ………… 66
6.4　金属錯体の
　　　磁気双極子モーメント ……… 68
6.5　2種類の配位子をもつ
　　　6配位錯体の形 ……………… 70
演習問題 ……………………………… 72

第7章　有機化合物の単結合と異性体

7.1　炭素と炭素の結合 …………… 73
7.2　エタンの重なり配座と
　　　ねじれ配座 …………………… 75
7.3　ブタンの構造異性体と
　　　立体異性体 …………………… 77
7.4　シクロヘキサンの配座異性体　80
7.5　いろいろな異性体 …………… 82
演習問題 ……………………………… 84

第8章　π結合と共役二重結合

8.1　エチレンのπ結合 …………… 85
8.2　アセチレンとアレンのπ結合　87
8.3　ブタジエンのπ結合と
　　　共役二重結合 ………………… 90
8.4　ベンゼンの安定化エネルギー
　　　………………………………… 92
8.5　二重結合と幾何異性体 ……… 93
演習問題 ……………………………… 95

第9章　共有結合と巨大分子

9.1　化学結合と身近な物質 ……… 97
9.2　ポリエチレンとゴム ………… 98
9.3　グラフェンとグラファイト … 101
9.4　ナノチューブとフラーレン … 103
9.5　ダイヤモンドと元素の
　　　共有結合半径 ………………… 105
演習問題 ……………………………… 108

第10章　イオン結合とイオン結晶

10.1　砂糖は有機物，塩は無機物 … 109
10.2　NaClとCsClの結晶構造 …… 111
10.3　第2族元素を含む
　　　イオン結晶の構造 ………… 114
10.4　元素のイオン半径 ………… 116
10.5　BeSとBeOの結晶構造 …… 118
演習問題 ……………………………… 120

第 11 章　金属結合と金属結晶

11.1　いろいろな金属……………121
11.2　自由電子と結合エネルギー　123
11.3　金属の性質………………125
11.4　最密充填と単位格子…………127
11.5　金属の結晶構造と
　　　金属結合半径………………129
　　　演習問題……………………132

第 12 章　水素結合と生体分子

12.1　水の相変化………………133
12.2　水の水素結合ネットワーク　134
12.3　氷の構造…………………138
12.4　物質の溶解度と沸点…………139
12.5　生体分子と水素結合…………142
　　　演習問題……………………144

第 13 章　疎水結合と界面活性剤

13.1　水と油……………………145
13.2　水の表面張力………………147
13.3　両親媒性と洗剤……………149
13.4　ミセルの構造………………151
13.5　リポソームと細胞膜…………153
　　　演習問題……………………156

第 14 章　ファンデルワールス結合と分子結晶

14.1　二酸化炭素の相変化…………157
14.2　分子間の引力と斥力…………159
14.3　誘起電気双極子モーメントと
　　　分子間力……………………161
14.4　分散力と分子結晶……………164
14.5　元素のファンデルワールス
　　　半径…………………………166
　　　演習問題……………………167

参考資料/参考書……169　　演習問題の略解……170　　索　引……175

● コラム

「原子の世界」と「政治の世界」……… 12
「力」と「エネルギー」……………… 24
「波」と「粒子」……………………… 36
結婚式のスピーチ……………………… 48
アンモニアはピラミッド形?………… 60
化学は変化を調べる学問……………… 72
「しもにだ」の法則…………………… 84
シクロブタジエンは存在するか?…… 96
「ダイヤモンド」と「黒鉛」………108
「蛍光」と「りん光」………………120
金は電気を通さない?………………132
プロ野球でも突然変異………………144
ドライクリーニング…………………156
「分子間相互作用」と「人間相互作用」
　……………………………………168

第1章
原子の構造と性質

　化学結合を理解するためには，まずは原子のことを理解しなければならない．素粒子（アップとダウン）が結合すると陽子と中性子ができ，陽子と中性子の組合せによって100種類以上もの原子核ができる．そして，原子核と電子が結合すると原子ができる．原子の性質はおもに陽子の数と電子の数によって決まっている．この章では，原子番号が大きくなるにつれて，原子の構造と性質がどのように変化するかを，系統的に探ることにする．

1.1　原子核を構成する粒子

　大学に入学してすぐに，沖縄に旅行に出かけた．40年以上も前のことである．辺土名という海岸沿いの小さな町で一泊した．それまでに見たこともない美しいエメラルドグリーンの海で，サンゴ礁の間を熱帯魚と一緒に泳ぎ，真っ白な砂浜でくつろいだ．どうして真っ白かというと，有孔虫という原生生物の殻が，波にもまれて細かくなったからだそうだ．殻は炭酸カルシウムでできていて白く，形が星に似ているので"星の砂"と呼ばれている．

　砂粒をできるかぎり細かくするとどうなるだろうか．おそらく中学や高校のときに学んだと思うが，**原子**になる．原子は英語で"アトム"といい，ギリシャ時代のデモクリトスらが「物質を細かくしたときに，もうそれ以上に細かくできない粒子」という哲学的な意味でつけた名前である．日本語の原子の"子"は粒子の"子"と同じであるから，原子は「原点となる粒子」とでも考えればよい．しかし，現代の科学・技術は，原子がさらにいろいろな粒子からできていることを明らかにし，原子を構成する粒子は「粒子の素」という意味で，**素粒子**と名付けられている．

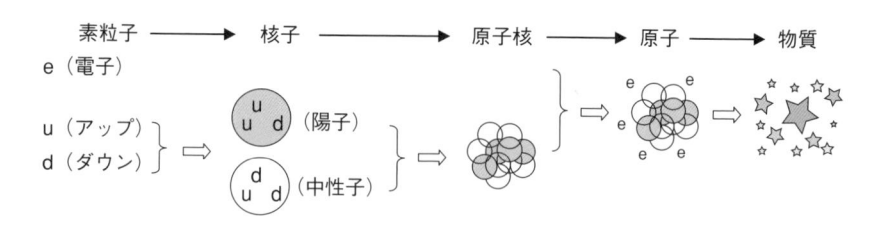

図 1.1 すべての物質は素粒子でできている

　素粒子にはいろいろな種類があるが，化学に関係する重要な素粒子は三つである．**アップ** (u) と**ダウン** (d)，そして，**電子** (e) である．電子は知っているが，アップとダウンは知らないという人もいるかもしれない．実は，2個のアップと1個のダウンが結合すると**陽子**になる．そして，1個のアップと2個のダウンが結合すると**中性子**となる（**図 1.1**）．陽子と中性子は**核子**ともいわれ，**原子核**を構成する粒子である．陽子の電荷は $+e$，中性子の電荷は 0 である．ここで e は電子の電荷の大きさを表し，**電気素量**と呼ばれる定数である（$e \fallingdotseq 1.6022 \times 10^{-19}$ C）．単位の C は"クーロン"と読み，電気の大きさを表す基本単位である（**裏表紙見返しの 表 B.1**）．

　適当な数の陽子と中性子が結合すると，様々な原子核（**核種**ともいわれる）ができる．最も簡単な原子核は水素（**軽水素**：H）であり，その原子核は1個の陽子のみからできている（**図 1.2**）．そして，陽子に1個の電子が結合すると電気的に中性な水素ができる．自然界にはわずかであるが，さらに1個の中性子が結合した水素（**重水素**：D）もある．また，とても不安定で自然界にはほとんど存在しないが，2個の中性子が結合した水素もある（**三重水素**：

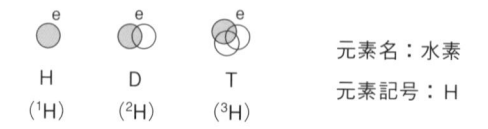

図 1.2 水素には三つの同位体がある

T）．これらを水素の**同位体**あるいは**アイソトープ**という．

　原子核のおもな性質は陽子の数で決まるので，中性子が結合しても原子核の性質は似ている．そこで，陽子の数が等しい原子核（つまり，同位体）を同じ仲間として扱い，その総称を**元素**ということにしている．そして，元素ごとに記号（**元素記号**）が決められていて，水素元素はHという記号が用いられる．そうすると，軽水素（H）も重水素（D）も三重水素（T）も同じ水素なので，元素記号のHで表す必要があり，しかし，核種として区別する必要もあるので，元素記号の左上に**質量数**を書くことになっている．質量数というのは「原子核に含まれる陽子の数と中性子の数の和」のことである．結局，軽水素は ^1H，重水素は ^2H，三重水素は ^3H と表される（**図1.2**）．元素記号の左下に陽子の数を書くこともあるが，それは省略される場合が多い．元素記号と陽子の数は一対一に対応しており，元素記号を見れば陽子の数は明らかだからである．たとえば，Hと書けば陽子の数は1に決まっている．なお，元素を陽子の数の順番にならべたときに，その番号のことを**原子番号**という（コラム参照）．原子番号は元素に含まれる陽子の数に対応している．

● 1.2　原子の質量と質量欠損

　素粒子のアップとダウンの質量はほとんど同じなので，それらを材料とする陽子と中性子の質量もよく似ている．それらは約 1.6726×10^{-27} kg と 1.6749×10^{-27} kg である（**表B.1**）．一方，電子の質量は約 9.109×10^{-31} kg であり，陽子や中性子に比べるとはるかに小さい．それでは，水素原子（^1H）の質量はどのくらいだろうか．水素原子は陽子と電子からできているのだから，それらの質量を足せば約 1.6735×10^{-27} kg である．それでは，水素以外の原子の質量も，同じように陽子，中性子，電子の数を考慮して，単純に素粒子の質量を足して計算できるかというと，そうはなっていない．わずかではあるが，原子の質量は少なくなる．これを**質量欠損**という．

　具体的に例を示そう．たとえば，^4He は2個の陽子，2個の中性子，2個の

電子からできている．そこで，単純に計算すれば ^{4}He の質量は，
$$2 \times (1.6726 \times 10^{-27} + 1.6749 \times 10^{-27} + 9.109 \times 10^{-31}) \fallingdotseq 6.6968 \times 10^{-27}\,\text{kg} \tag{1.1}$$
となるはずである．しかし，実際には ^{4}He の質量は $6.6465 \times 10^{-27}\,\text{kg}$ であり，約 $5.0 \times 10^{-29}\,\text{kg}$ だけ少なくなっている．これが質量欠損である．

質量が少ないということはどういうことかというと，エネルギーが低い（安定である）ことを意味する．なぜならば，アインシュタインが導いた次の式からわかるように，質量 (M) とエネルギー (E) は比例の関係にあるからである．
$$E = Mc^2 \tag{1.2}$$
ここで c は真空中の光の速度を表し，その値は約 $2.998 \times 10^8\,\text{m s}^{-1}$ である（**表 B.1**）．

^{4}He の質量欠損は約 $5.0 \times 10^{-29}\,\text{kg}$ であるから，2 個の陽子と 2 個の中性子と 2 個の電子が結合して原子になると，エネルギーは，
$$E = (5.0 \times 10^{-29}\,\text{kg}) \times (2.998 \times 10^8\,\text{m s}^{-1})^2 \fallingdotseq 4.5 \times 10^{-12}\,\text{m}^2\,\text{kg s}^{-2} \tag{1.3}$$
だけ低くなる．単位の $\text{m}^2\,\text{kg s}^{-2}$ のことを J と書き，"ジュール"と読む（**表 B.2 参照**）．ここで $\text{m}^2\,\text{kg s}^{-2}$ は $\text{m} \times (\text{kg m s}^{-2})$ と書くことができ，括弧の中は（質量 × 加速度）であるから（力）のことである．したがって，(1.3) 式の単位は（距離 × 力）となり，確かにエネルギーの単位であることがわかる（第 2 章のコラム参照）．結局，2 個の陽子と 2 個の中性子と 2 個の電子がばらばらになって存在するよりも，1 個の ^{4}He にまとまっていたほうが，質量が $5.0 \times 10^{-29}\,\text{kg}$ 減り，そして，$4.5 \times 10^{-12}\,\text{J}$ だけエネルギーが低くなる．質量をエネルギーと考えれば，**エネルギーの保存則**が成り立っている（**図 1.3**）．

1.1 節で述べたように，陽子は $+e$ の電荷をもち，中性子は電荷をもたない．そうすると，^{4}He の原子核の中では 2 個の陽子が電気的に反発するのだ

1.2 原子の質量と質量欠損

$$\left\{\left[\begin{array}{c}e\;e\;\bigcirc\;\bigcirc\;\bigcirc\;\bigcirc\end{array}\right]-\left[\begin{array}{c}e\\[-2pt]\text{\scriptsize ⁴He}\end{array}\right]\right\}\times c^2 \fallingdotseq 4.5\times10^{-12}\,\text{J}$$

質量 = 6.6968×10^{-27} kg　　　質量 = 6.6465×10^{-27} kg

図1.3　質量欠損はエネルギーに変換される

から，原子核は不安定になるはずだと心配する人もいるかもしれない．しかし，実際には，核子は電気的な反発力とは比べようもないほどの大きな力で結合している．この力を**核力**という．核力は原子核レベルの近距離で働く力であり，化学結合のような分子レベルでは無視できるので，ここではこれ以上の説明を行わない[†1]．

縦軸にエネルギーをとって，質量欠損とエネルギーとの関係を**図1.4**に示した．核子がばらばらに存在するときのエネルギーは高くて不安定なので，上に書いた．一方，核子が核力によって結合して原子核になったときのエネルギーは，質量が少なくなったぶんだけ低くて安定なので，下に書いた．両者のエネルギーの差（大きさ）を**結合エネルギー**という．

ここで，エネルギーについて注意しておきたいことがある．陽子や中性子が結合して原子核になるときに，エネルギーが放出されると安定になる．粒

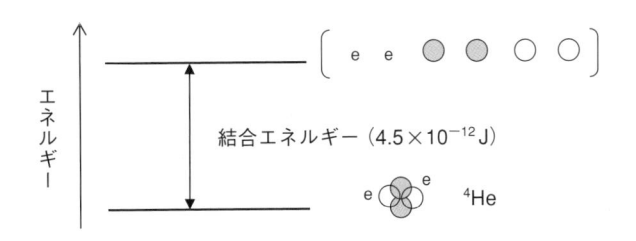

図1.4　核子が結合して原子核になると，エネルギーは低くなる

[†1] 核力は湯川秀樹博士の提案した **π中間子** が関係している．

子は常にエネルギーをできるだけ捨てたがると考えればよい．たとえば，手にもっている鉛筆を離せば自然に下に落ちる．これは位置が低いほうがエネルギーも低く，安定だからである．川の水が山の上から海に向かって流れるのも同じである．粒子も粒子からなる物質も，それらは常にエネルギーを低くしようとする．これが「自然の法則」である．いずれ詳しく説明するが，原子と原子が結合して分子になるときにも (3.1 節参照)，分子と分子が結合して結晶になるときにも (14.4 節参照)，すべてエネルギーが低くなり，そして，安定になる．

1.3 核融合と核分裂

太陽の中では，陽子と中性子が結合して重水素になり，重水素がさらに反応してヘリウムになる．これを**核融合**という．すでに 1.2 節で述べたように，核融合が起こると質量は減り，エネルギーが低くなる．減ったエネルギーはどうなるかというと原子核の外に放出される．つまり，太陽の中で 1 個の ^{4}He ができるたびに，4.5×10^{-12} J のエネルギーが放出される．このエネルギーはとても小さいと思うかもしれないが，太陽の中には莫大な数の陽子や中性子が存在するので，太陽の温度が 6000 ℃ もの高温になっていても不思議ではない．

太陽の中では，核融合によってヘリウム以外にも様々な原子核ができる．

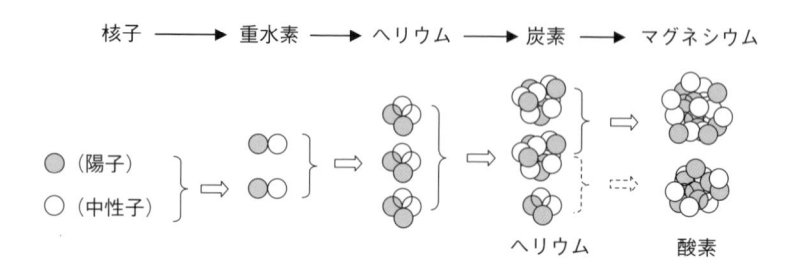

図 1.5　太陽の中で起こっている核融合の例

1.3 核融合と核分裂

3個のヘリウムが核融合して炭素ができたり，炭素とヘリウムから酸素ができたりする．さらに炭素と炭素が核融合すればマグネシウムができる（図1.5）．質量数が鉄よりも小さいほとんどすべての原子核が，太陽の中で核融合によって生まれたといわれている．どうして鉄までの原子核に限られるかというと，それぞれの原子核の質量欠損を調べてみると理解できる．

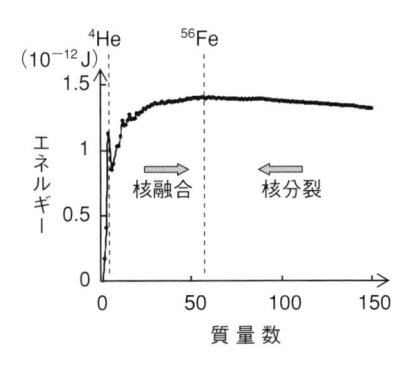

質量欠損を原子が放出するエネルギーに換算して，核子1個あたりの値を図1.6に示す．たとえば，^{4}He の場合には2個の陽子と2個の中性子からできているから，核子1個あたりでは $(4.5 \times 10^{-12})/4 \fallingdotseq 1.13 \times 10^{-12}$ J のエネルギーが放出される．その他の多くの原子では，質量数が大きくなるにつれて，原子から放出されるエネルギー（つまり，結合エネルギーあるいは安定化のエネルギー）も次第に大きくなり，質量数が56ぐらいで最大となる．これは身の周りでよく見かける鉄（^{56}Fe）のことである．しかし，質量数がさらに大きくなると，今度は逆に，放出されるエネルギーが小さくなる．つまり，核融合して質量数が大きくなると，結合エネルギーが小さくなり，かえって不安定になる．むしろ，分裂して質量数が小さくなったほうが結合エネルギーは大きくなり，安定になる．これを核融合に対して**核分裂**という．した

図1.6 核子1個あたりの放出されるエネルギー
（核子の結合エネルギー）

がって，鉄までの質量数の原子核ならば，太陽の中で核融合によって生まれたと考えられている．一方，鉄よりも大きな質量数の原子核は，超新星が爆発したときに大量の中性子が原子核に衝突して質量数が増え，その一部の中性子が陽子に変わる（これを β^- 崩壊という）ことによって生まれたといわれている．中性子の中の1個のダウンがアップに変わると考えればよい．確かに，鉄よりも大きな質量の原子核を調べてみると，陽子の数に比べて中性子の数が多い．大量の中性子が原子核に衝突した証拠である．

1.4 原子量と物質量

これまでに説明してきた「原子1個の質量」は，とても小さくて扱いにくい．常に 10^{-27} などの桁を添えなくてはならず，とてもわずらわしい．そこで，代わりに**相対原子質量**が定義された．あるいは，略して**原子量**ともいう．これは普通の炭素原子 ^{12}C（6個の陽子と6個の中性子を含む）の質量を12と決め，その他の原子の質量を相対的に表したものである．たとえば，^1H の原子量は 1.007825，^2H の原子量は 2.014102 となり，質量数の値とほとんど同じなので，とてもわかりやすい．どうして原子量が質量数と完全に一致しないか（整数でないか）というと，中性子と陽子の質量が異なるし，すでに1.2節で述べたように，質量欠損があるからである．

それでは 1.007825 g（グラム）の ^1H に，何個の ^1H の原子が含まれているかを計算してみよう．そのためには1個の ^1H の質量で割ればよい．

$$\frac{1.007825 \times 10^{-3} \text{ kg}}{1.6735 \times 10^{-27} \text{ kg}} \fallingdotseq 6.0221418 \times 10^{23} \qquad (1.4)$$

この数の集合体（物質量）を **1 モル**（1 mol）という．正式には ^1H ではなく，「12 g の ^{12}C の中に含まれている ^{12}C の原子の数」と定義されているが，数としては同じである．逆に言えば，原子量とは「1 mol の原子の質量をグラムで表したときの大きさ（単位を除いた値）」となる．なお，物質の量を 1 mol で扱うときに便利なように，**アボガドロ定数**（$N_\text{A} = 6.02214129 \times 10^{23} \text{ mol}^{-1}$）

が定義されている（**表B.1**）．たとえば，12gの^{12}Cの物質にはN_A個の^{12}Cの原子が含まれる．

個々の同位体の原子量ではなく，元素の原子量を定義したほうが便利なことがある．なぜならば，化学の実験で水素を使うときに，わざわざ100%の^{1}Hを使わないからである．普通は自然界にある水素を使う．自然界にある水素は常に同位体の混合物なので，同位体の存在比を考慮して，元素の原子量を定義するほうが便利である．水素は自然界に^{1}Hが99.9885%，^{2}Hが0.0115%存在するので，水素の原子量はそれらの**原子数百分率**を使って，

$$1.007825 \times 0.999885 + 2.014102 \times 0.000115 \fallingdotseq 1.00794 \quad (1.5)$$

となる．実験で普通の水素を1.00794g用意すれば，それは1molの物質量にあたる（なお，普通は実験で使う水素といえば水素ガス（H_2）であるが，ここでは水素原子（H）で元素の原子量の説明をした）．それぞれの元素の原子量を表紙見返しの**表A.1**に示す．

◎1.5 原子核の大きさと原子の大きさ

これまでに，原子1個の質量がとてつもなく小さいことを説明した．それでは，原子1個の大きさはどのくらいだろうか．普通は砂粒のような小さい粒子を調べるためには，理科実験室などに置いてある光学顕微鏡を用いる．粒子に光をあてると，粒子のあるところは光が吸収されたり散乱されたりして暗くなる．つまり，粒子の影ができるので，その影を光学レンズで拡大して粒子の大きさを調べる．しかし，原子はあまりにも小さいので，光は相互作用せずに通り過ぎてしまう．つまり，影ができない．そこで，光の代わりに**α粒子**を用いる．α粒子というのはヘリウム（^{4}He）の原子核のことである．α粒子を原子核にぶつけると，α粒子はとても小さいので原子核によって散乱され，光と同じように，原子核によるα粒子の影ができる（**図1.7**）．その影（実際には散乱されたα粒子の空間分布）を解析すれば，原子核の大きさがわかる．この場合，原子核の周りの電子が影に影響しそうであるが，

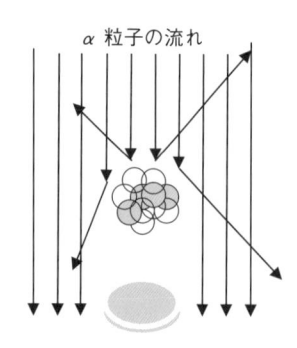

図1.7 原子核の大きさを測る

電子は原子核に比べてとても軽く（演習問題1.4参照），α粒子の直進運動にほとんど影響を及ぼさない．

いろいろな元素の原子核の半径 (R) が決定されている．それらは近似的に次の式で表されることがわかっている．

$$R = 1.2 \times 10^{-15} \times \sqrt[3]{A} \text{ m} \quad (1.6)$$

ここで A は質量数，つまり，陽子と中性子の数を足した核子の数である．どうして質量数に関係するかは，核子がピンポン玉のような球であるとしてイメージするとわかりやすい．核子がたくさん結合すれば，当然，原子核の大きさは大きくなるはずである．そして，核子は三次元空間で結合して球状の原子核ができるので，その半径は核子の数（体積）の立方根に比例する．たとえば，^{1}H の原子核は $A=1$ であるから，その半径は約 1.2×10^{-15} m である．また，^{4}He の原子核の半径は4の立方根を掛け算すればよいから，約 1.9×10^{-15} m となる．

それでは，原子核に電子を含めた原子の大きさはどのくらいだろうか．これは化学結合を考えるときには，とても重要な物理量である．なぜならば，原子核ではなく，電子が化学結合を担っているからである．しかし，電子は原子核の周りで止まっているわけではないので，電子の位置を実験的に決めることはできない．しかも，電子は原子核の周りのどこにでも存在するので，「ここまでが原子である」という空間的な境目がはっきりしない．ただし，次章で詳しく説明するように，電子の位置は決められないが，電子がどのあたりにどのくらいの確率で存在するかを理論的に決めることはできる．たとえば，水素の場合には，電子は原子核から約 0.529×10^{-10} m 離れたところに存在する確率が最も高い（**図1.8**）．この距離は**ボーア半径**（**表B.1**）と呼ばれる値に等しい（2.3節参照）．（10^{-10} m は原子や分子の世界でよく使われる

原子核
1.2×10⁻¹⁵ m

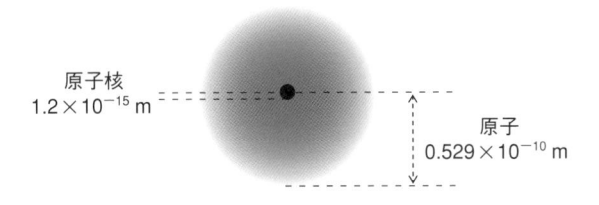

原子
0.529×10⁻¹⁰ m

図 1.8 原子核（陽子）の半径と水素原子の半径

距離なので，Å と書くこともある．"オングストローム"と読む[†1]．）原子の大きさは原子核の大きさの数万倍にもなる．

　水素以外の元素の原子半径は水素原子の数倍であるが，実をいうと，それらを理論的に求めることは難しい．それでも，それぞれの元素のおよその原子半径がわかっていれば，化学結合を考えるときに便利かもしれない．おそらく，原子核の周りの電子の位置は，電子の数が増えれば増えるほど外側に広がるはずである．逆に原子核の正の電荷が大きくなれば，負の電荷をもつ電子を強く引っ張るので，電子の位置は内側に縮むかもしれない．これらの予測は，これから説明する共有結合距離（表 3.2 と表 4.1）や共有結合半径（表 9.2），イオン結晶のイオン半径（表 10.3）や金属結晶の金属結合半径（表 11.1），分子結晶のファンデルワールス半径（表 14.1）などで，系統的な変化として確認できる．そして，物質がどのような化学結合をしているかによって，元素の原子半径が大きく異なることを理解するだろう．

[†1]　1 Å ($Å = 10^{-10}$ m) = 0.1 nm (nm = 10^{-9} m) = 100 pm (pm = 10^{-12} m)
　　裏表紙見返しの**表 B.3**「SI 接頭語」を参照．

演習問題

1.1　陽子の電荷と中性子の電荷から，アップとダウンの電荷を求めよ．
1.2　三重水素（^{3}H）が β^- 崩壊すると，どのような原子核になるか．

第 1 章　原子の構造と性質

1.3　陽子の数が 3 個で，中性子の数が 4 個の原子の元素記号を書け．
1.4　陽子の質量は電子の質量の何倍か．
1.5　ヘリウムの同位体 (^{3}He) の質量欠損をエネルギーの単位で求めよ．ただし，^{3}He の原子量は 3.016 029 32 である．
1.6　^{235}U に 1 個の中性子が衝突して核分裂を起こし，2 個の中性子を放出しながら ^{95}Y（イットリウム）と X ができたとする．元素 X は何か．
1.7　1 個の炭素原子 (^{12}C) の質量を kg の単位で求めよ．
1.8　自然界の水素分子には何 % の HD が含まれているか．
1.9　^{32}S の原子核の半径は ^{4}He の何倍か．
1.10　水素と重水素の原子の大きさを比べると，どちらが大きいか．

● コラム ●

「原子の世界」と「政治の世界」

「原子」と「元素」は紛らわしい言葉である．同じ水素でも「水素原子」といったり，「水素元素」といったりする．どのように使い分けるかというと，具体的に個々の粒子を対象にするときには「原子」といい，まとめたグループを対象とするときには「元素」という．原子は 1 個，2 個と数えるが，元素は 1 種類，2 種類と数える．このように考えると，「原子番号」というのは違和感のある言葉である．同じ元素ならば，どの同位体の原子番号も同じであるから，むしろ「元素番号」というべきかもしれない．

「原子」と「元素」の違いを政治の世界で説明すると，もっとわかりやすい．A 先生とか B 先生などの個々の国会議員は，「原子」に相当する．そして，X 党とか Y 党などの政党名が「元素」に相当する．もしかしたら，国会議員を「核子」に，政党を「原子核」にたとえた方がよいかもしれない．核融合や核分裂が起こるように，これまでに何回も政界再編が起こっている．何人までの国会議員が集まると政党が安定で，何人以上の国会議員が集まると不安定になるか，調べてみると面白いかもしれない．きっと最も結合エネルギーの大きな安定な数があるはずである．ちょうど質量欠損の一番大きな「鉄」のように．

第2章
原子軌道と電子配置

化学結合を担う粒子は電子である．そうすると，電子が原子核の周りのどのあたりに存在するか，どのようなエネルギーをもっているかを知る必要がある．そのためには，量子論を使って原子軌道とそのエネルギーを求めればよい．原子軌道は3種類の量子数によって定義されていて，量子数が大きくなればなるほど，電子は原子核から離れて存在する確率が増える．この章では，原子軌道の概念を使って，原子の性質を系統的に探ることにする．

2.1 古典的な電子構造モデル

第1章では原子の構造について説明した．ここでは原子核の周りの電子の分布（どこに存在するか）と電子のエネルギーに着目して，もう少し詳しく調べてみよう．高校のときに習った人もいると思うが，原子の電子構造として図2.1のような絵がよく使われる．これを古典的な**電子構造モデル**という．単純そうに見えるが，実をいうと，この絵を正しく理解することはとても難しい．まず，原子核に一番近い円を **K殻**，二番目に近い円を **L殻**，三番目に近い円を **M殻** という．さらにその外側に **N殻** があるが，ここでは省略してある．電子がそれぞれの円周上に止まっているように見えるが，そうではない．すでに第1章で述べたように，電子はどこにでも存在するはずなのに，この絵はそのことを反映していない．それぞれの円の半径の違いは，むしろ，エネルギーの違いを表している．つまり，内側の円ほど電子のエネルギーが低く（安定であり），外側の円ほど電子のエネルギーが高いことを表している．そして，あとで述べるように，同じ円の上に書いてある電子はだいたい同じエネルギーであることを意味している．

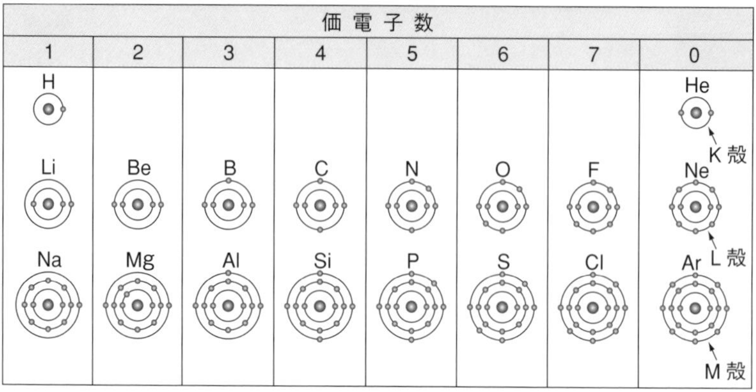

価電子数							
1	2	3	4	5	6	7	0
H							He
Li	Be	B	C	N	O	F	Ne
Na	Mg	Al	Si	P	S	Cl	Ar

図 2.1　古典的な電子構造モデル（第 1〜3 周期）

　最も簡単な原子である水素には電子が 1 個含まれる．どのような殻にあるかというと，最もエネルギーの低い K 殻である．1.2 節で述べたように，すべての粒子はできるだけエネルギーの低い状態を望むので，水素の電子はエネルギーの最も低い K 殻に入る．また，He には 2 個の電子が含まれるが，できるだけエネルギーの低い状態になろうとするから，ともに K 殻に入る．それでは Li ではどうなるだろうか．できるだけエネルギーの低い状態を望むのだから，3 個の電子のすべてが K 殻に入ると思うかもしれないが，そうではない．実は 2 個の電子しか K 殻に入れない（その理由については 2.4 節で述べる）．そうすると，Li では 2 個の電子が K 殻に，残りの 1 個が L 殻に入る（**図 2.1**）．同様に Be では 2 個の電子が K 殻に，2 個の電子が L 殻に入る．いくつまでの電子が L 殻に入れるかというと，8 個までである．Li から Ne まで原子番号が大きくなるにつれて，L 殻の電子数が 1 個ずつ増える．さらに原子番号が大きくなって電子の数が増えると，Na から Ar まで M 殻の電子数が 1 個ずつ増える．最も外側の円（つまり，エネルギーの高い殻）にある電子を**最外殻電子**という．2.4 節や 2.5 節で述べるように，最外殻電子は元素の性質を決めたり，殻が満杯になる元素を除けば，化学結合に関与

したりする重要な電子（**価電子**という）である．その他の電子は**内殻電子**といわれる．図 2.1 では H から Ar まで，価電子数が同じ元素（これを**族**という）を同じ列に並べて示した．

● 2.2 量子数と原子軌道関数

それにしても，どうして 2 個の電子しか K 殻に入れなくて，どうして 8 個の電子が L 殻に入ることができるのだろうか．2 個とか 8 個という数字に何か意味があるのだろうか．このことを正しく理解するためには**量子論**が必要である．量子論は原子や分子などのミクロの世界を支配する理論であり，20 世紀になってからほぼ完成した学問である．

量子論によると，原子核の周りの電子の分布とそのエネルギーを求めるためには**シュレーディンガー方程式**を解き，電子の**波動関数**，すなわち，**原子軌道**と呼ばれる関数（**原子軌道関数**）を求める必要がある．ここではシュレーディンガー方程式のつくり方やその解き方については省略して，結果だけを示すことにする．詳しく知りたい人は量子化学の本で勉強するとよい（p.169 の参考書を参照）．

電子が原子核の周りのどのあたりにどのくらいの確率で存在するかは，求められた原子軌道関数の絶対値を 2 乗するとわかる．なぜ，絶対値を 2 乗するかというと，原子軌道関数は一般に複素関数なので，存在確率（正の値）を表すために実数化が必要だからである．ただし，この本では実関数の原子軌道関数のみを扱うので，単に「2 乗する」と表現することにする．

原子軌道関数は 3 種類の整数の組合せ (n, l, m) で定義される．これらの整数をそれぞれ**主量子数**，**方位量子数**，**磁気量子数**と呼ぶ．これらの量子数はまったく自由にとれる整数ではなく，次のような厳しい条件がある．

$$n = 1, 2, 3, \cdots\cdots \tag{2.1}$$

$$l = 0, 1, 2, \cdots\cdots, n-1 \tag{2.2}$$

$$m = 0, \pm 1, \pm 2, \cdots\cdots, \pm l \tag{2.3}$$

たとえば，$n=1$ のときには $l=0$，$m=0$ の組合せだけが可能である．この原子軌道関数のことを **1s 軌道**という．また，$n=2$ のときには $l=0$ または 1 が可能であり，$l=0$ のときには $m=0$，そして，$l=1$ のときには $m=0$, ± 1 の 3 種類が可能である．前者を **2s 軌道**といい，後者からは **2p_x 軌道**，**2p_y 軌道**，**2p_z 軌道**の三つができる．原子軌道の名前の数字は主量子数 n を表し，方位量子数 l が 0，1，2，3，… のときには，それぞれ s，p，d，f，… というアルファベットで表すことになっている．磁気量子数の違いについては x，y，z の記号を使って区別する（**表 2.1**）．

表 2.1　量子数の組合せと原子軌道関数の名前

量子数			軌道の名前	種類の数	殻の名前
n	l	m			
1	0	0	1s 軌道	1	K 殻
2	0	0	2s 軌道	1	L 殻
	1	0, ±1	2p 軌道	3	
3	0	0	3s 軌道	1	M 殻
	1	0, ±1	3p 軌道	3	
	2	0, ±1, ±2	3d 軌道	5	

● 2.3　原子軌道の形

　原子軌道がどのような形をしているか，調べてみよう．しかし，その形を絵で表すことはとても難しい．なぜならば，三次元空間の位置 (x, y, z) における原子軌道関数の値を書かなければならず，四次元空間で絵を書く必要があるからである．三次元空間で生きている我々にはそのようなことは不可能である．どうしたらよいだろうか．いろいろな表現の仕方が工夫されているが，ここでは原子軌道関数の値（電子の存在確率）が大きいところを濃く塗り，小さいところを薄く塗って，模式的に立体的に描くことにする（**図 2.2**）．

　図 2.2 からわかるように s 軌道は球対称である．つまり，原子核からの距離が同じ位置では，原子軌道関数の値は同じであり，また，2 乗しても値は同

2.3 原子軌道の形

1s 軌道　　2p$_x$ 軌道　　2p$_y$ 軌道　　2p$_z$ 軌道

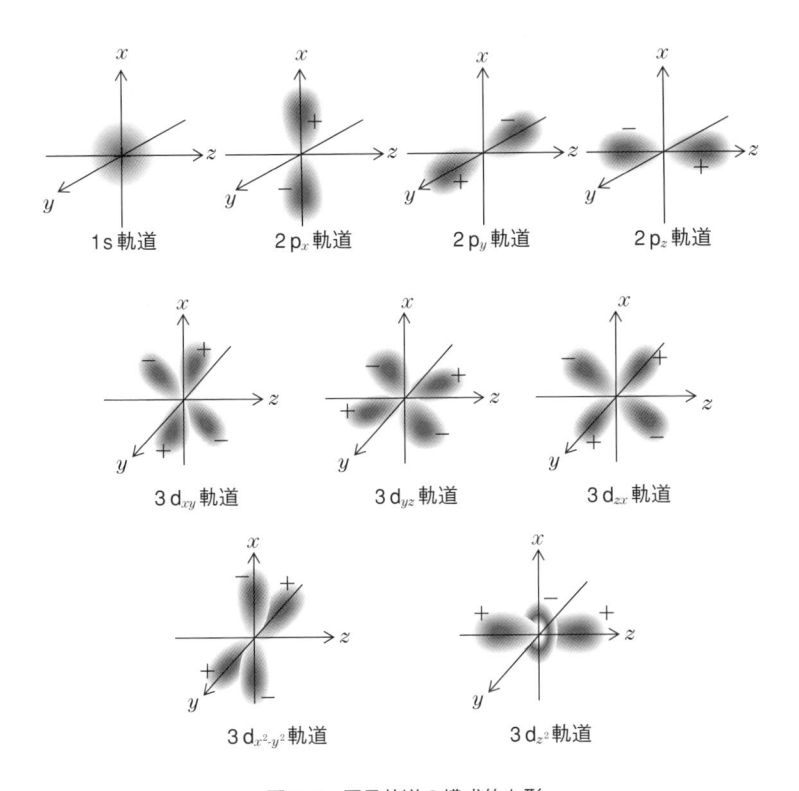

3d$_{xy}$ 軌道　　3d$_{yz}$ 軌道　　3d$_{zx}$ 軌道

3d$_{x^2-y^2}$ 軌道　　3d$_{z^2}$ 軌道

図 2.2　原子軌道の模式的な形

じなので，電子の存在確率も同じである．とくに1s軌道では，1.5節で説明したように，ボーア半径（**表 B.1**）のところに存在する電子（存在確率に，ボーア半径を半径とする球の表面積をかけた値）が最も多い．なお，「軌道」などと書くと，電車の線路のように，ある限られたところでしか電子は動けないように思うかもしれないが，そうではない．電子はボーア半径の内側でも外側でも存在していて，単に確率が異なるだけである．そして，電子はここにあると決めることはできないが，このあたりにこのくらいの確率で電子が存在するということは厳密に決まっている．それを表すのが原子軌道関数である．

球対称のs軌道とは異なり，p軌道は軸対称である．$2p_x$軌道はx軸方向に偏っているし，$2p_y$軌道はy軸方向に，$2p_z$軌道はz軸方向に偏っている．p軌道で注意しなければならないことは，軸の正方向$(+x)$と負方向$(-x)$を比べると，原子軌道関数の値の大きさは同じで，符号が逆だということである．つまり，$2p_x$軌道の原子軌道関数を$\chi(x, y, z)$で表すと，

$$\chi(x, y, z) = -\chi(-x, y, z) \tag{2.4}$$

となる．したがって，図2.2で示した2p軌道では，大きさを表す濃淡だけではなく＋とか－の符号も書いた．もちろん，2乗すればいずれも正の同じ値になり，$(-x, y, z)$の位置と(x, y, z)の位置での存在確率は同じになる．なお，図2.2には一部の原子軌道の形しか書いていないが，たとえば，1s軌道よりも2s軌道，2s軌道よりも3s軌道のように，nが大きくなるにつれて，原子軌道関数の値が相対的に大きくなる範囲は，原子核から遠くに広がる．

◎2.4　原子軌道のエネルギーと周期表

それぞれの原子軌道のエネルギーについて説明しよう．水素の場合には主量子数nだけに依存し，nが大きくなればなるほどエネルギーは高くなる（不安定になる）．しかし，水素以外では電子の数が増え，電子同士の反発が増えるので，電子の空間分布が異なることを表す方位量子数lにも依存するようになる．一般の原子の原子軌道のエネルギーを低い（安定な）順番に左から並べると，次のようになる．

$$1s < 2s < 2p < 3s < 3p < 4s \approx 3d < 4p \tag{2.5}$$

まず，主量子数が小さいほどエネルギーが低くて安定である．次に，方位量子数が大きいほどエネルギーは高くて不安定になる．ただし，3d軌道と4s軌道の順番は微妙である．なぜかというと，すでに述べたように，原子の中の電子の数が増えると，電子と電子との間に複雑な相互作用が働くからである[†1]．とりあえず，ここでは4s軌道のほうが3d軌道よりも安定であるとして説明する．なお，磁気量子数が異なっていても，主量子数と方位量子数が

同じであればエネルギーの値は同じである．たとえば，$2p_x$ 軌道，$2p_y$ 軌道，$2p_z$ 軌道はすべて主量子数 n が2で，方位量子数 l が1で同じなので，これらの原子軌道のエネルギーは同じである．いくつかの軌道のエネルギーが同じ場合に，それらの軌道は「**縮重**（あるいは**縮退**）している」という．2p 軌道では3種類，3d 軌道では5種類の軌道が縮重している（表 2.1 参照）．

原子軌道のエネルギーの順番をグラフで表すと，**図 2.3** のようになる．縮重した軌道はその種類の数がわかるように水平に並べた．エネルギーを表す水平線のことを**エネルギー準位**という．基準の0は電子が原子核から遠く離れて自由に動くことができる状態を表している．もしも，電子が無限遠から原子核に近づくとどうなるかというと，正の電荷をもつ原子核と負の電荷をもつ電子の間には引力が働く．引力が働いて原子核との距離が近くなると，電子は安定になりエネルギーが下がる．つまり，電子が無限遠に離れた基準の0よりも低くなるから，負のエネルギーである．原子軌道のエネルギーはすべて負である．

2個の電子が一つの原子軌道に入ると考えれば，図 2.3 の ① が古典的な電子構造モデルの K 殻に対応する．K 殻は主量子数 n が1の原子軌道のことである．どうして2個の電子が一つの原子軌道に入るかというと，電子には**電子スピン**という物理量があって，電子スピンの向きが2種類あるからである．これを理解するためには，電子を磁石のようにイメージすればよい（量子論

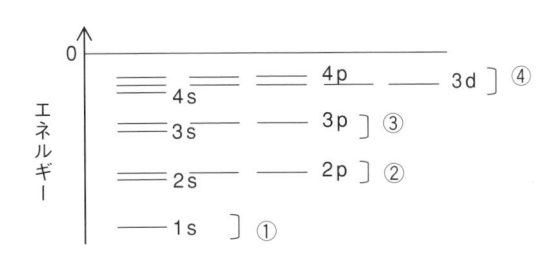

図 2.3 原子軌道のエネルギー準位

[†1] 最近の量子化学計算（一電子近似）によれば，3d 軌道のほうが 4s 軌道よりも安定であるという結果も得られている．しかし，実際に実験をしてみると，電子が 4s 軌道に先に入っていると仮定したほうが実験結果をうまく説明できることが多い．

を使った説明は p.169 の参考書を参照).磁石には N 極と S 極があり,N 極が上の場合と下の場合の 2 種類があるようなものである.そこで,電子スピンの向きを上向きの矢印(↑)と下向きの矢印(↓)で表すことが多い.また,同じ原子軌道では,電子スピンの向きは必ず異ならなければならないという厳しい条件がある.これを**パウリの排他原理**という[†1].外部から磁場をかけると,電子が 1 個の場合にはその影響を受ける.これを**常磁性**という.もしも,2 個の電子が同じ原子軌道で対を作っている場合には,磁石の性質が打ち消し合うので,外部磁場の影響を受けない.これを**反磁性**という.

図 2.3 の ② は古典的電子構造モデルの ② ($n=2$) に対応する.2s 軌道と 3 種類の 2p 軌道($2p_x, 2p_y, 2p_z$)の全部で四つの原子軌道がある.2 個の電子が異なる電子スピンの向きで,それぞれの軌道に入ることができるとすると,合計 8 個の電子が入る可能性がある.ただし,縮重している軌道(たとえば,$2p_x, 2p_y, 2p_z$ 軌道)では,できるだけ別々の軌道に入って電子スピンの向きをそろえる.これを**フントの規則**という.

図 2.3 の ③ は M 殻($n=3$)に対応すると思うかもしれないが,3d 軌道は含まれない.したがって,L 殻と同様に 3s 軌道と 3p 軌道の合計四つの原子軌道に,全部で 8 個の電子が入る可能性がある.原子軌道で古典的電子構造モデルを表現すると **図 2.4** のようになる.これを元素の**電子配置**という.

同族の元素を縦の列に並べて,原子番号順に表にしたものが**周期表**である(**表 A.1**).第 1 周期では H と He の 2 種類,第 2 周期では Li 〜 Ne の 8 種類,第 3 周期では Na 〜 Ar の 8 種類,そして,第 4 周期では K 〜 Kr の 18 種類が並び,それぞれの種類の数が 図 2.3 の ① 〜 ④ の原子軌道の数 × 2(電子スピンの種類の数)に対応している.第 4 周期の Sc 〜 Zn の 10 種類は 3d 軌道にある電子数の違いを反映する(6.2 節の 図 6.3 を参照).なお,④ の

[†1] 「フェルミ粒子である電子は,すべての量子数が同じ状態にはなれないので,同じ原子軌道ではスピン磁気量子数が異なる必要がある」という原理に基づいている.電子スピンの矢印の向きの違いがスピン磁気量子数の違いに対応する.

2.5 イオン化エネルギーと電気陰性度

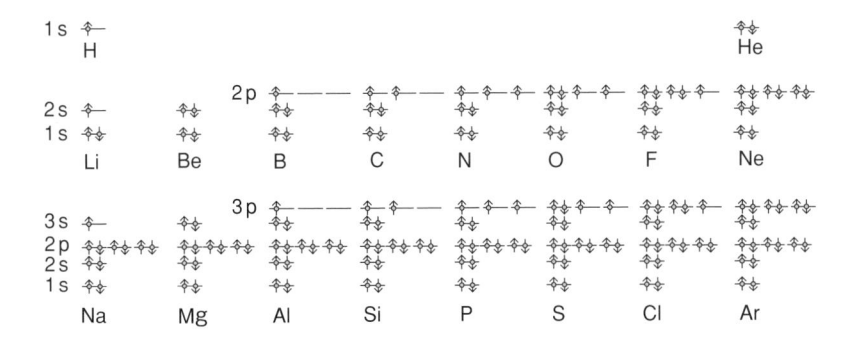

```
1s ↑↓                                              ↑↓↑↓
   H                                                He

2p      ↑↓   ↑↓ __ __   ↑↓↑↓ __ __   ↑↓↑↓↑↓ __   ↑↓↑↓↑↓↑↓ __   ↑↓↑↓↑↓↑↓↑↓   ↑↓↑↓↑↓↑↓↑↓↑↓
2s ↑↓   ↑↓↑↓   ↑↓↑↓       ↑↓↑↓       ↑↓↑↓           ↑↓↑↓           ↑↓↑↓           ↑↓↑↓
1s ↑↓   ↑↓↑↓   ↑↓↑↓       ↑↓↑↓       ↑↓↑↓           ↑↓↑↓           ↑↓↑↓           ↑↓↑↓
   Li    Be    B          C          N              O              F              Ne

3s ↑↓        3p   ↑↓   ↑↓__ __   ↑↓↑↓ __ __   ↑↓↑↓↑↓ __   ↑↓↑↓↑↓↑↓ __   ↑↓↑↓↑↓↑↓↑↓   ↑↓↑↓↑↓↑↓↑↓↑↓
2p ↑↓↑↓↑↓↑↓↑↓↑↓   ↑↓↑↓↑↓↑↓↑↓↑↓   ↑↓↑↓↑↓↑↓↑↓↑↓   ↑↓↑↓↑↓↑↓↑↓↑↓   ↑↓↑↓↑↓↑↓↑↓↑↓   ↑↓↑↓↑↓↑↓↑↓↑↓   ↑↓↑↓↑↓↑↓↑↓↑↓
2s ↑↓           ↑↓↑↓           ↑↓↑↓             ↑↓↑↓           ↑↓↑↓             ↑↓↑↓             ↑↓↑↓             ↑↓↑↓
1s ↑↓           ↑↓↑↓           ↑↓↑↓             ↑↓↑↓           ↑↓↑↓             ↑↓↑↓             ↑↓↑↓             ↑↓↑↓
   Na           Mg             Al               Si             P                S                Cl               Ar
```

図2.4 元素の電子配置（第1～3周期）

3d軌道にある電子は最外殻電子ではないが，価電子である．

● 2.5 イオン化エネルギーと電気陰性度

　H，Li，Naなど（第1族元素）の価電子数は1である．Hは軽くて常温，大気圧で気体である．その他のこの族の元素の**単体**（1種類の元素からなる物質）は金属であり，水に溶かすとアルカリ性を示すので，**アルカリ金属元素**といわれる．また，He，Ne，Arなど（第18族元素）を**貴ガス**（noble gas）**元素**という．あるいは**希ガス**（rare gas）とか，**不活性ガス**（inert gas）ともいう．①～④のそれぞれのグループが満杯になると，もはや他の原子が近づいても影響を受けにくく，化学結合をほとんどしないからである．

　このように考えると，アルカリ金属元素もその価電子を放出して，貴ガス元素と同じように安定になろうとするかもしれない．もちろん，1個の電子を放出すれば，電気的に中性だった原子は正の電荷をもつことになる．つまり，アルカリ金属元素は1価の**陽イオン**になりやすいという性質がある．たとえば，Liの場合を原子軌道のエネルギーで表せば**図2.5**のようになる[†1]（脚注次ページ）．

　原子核に束縛されている電子が自由になるために必要なエネルギーを，

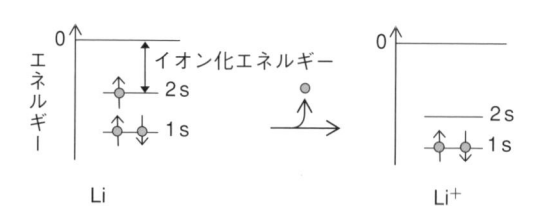

図 2.5 リチウムは 1 個の電子を放出しようとする

イオン化エネルギーという．Li の場合には，2s 軌道のエネルギーと基準である 0 との差，つまり，2s 軌道のエネルギーの大きさがイオン化エネルギーとなる．これは電子と原子核との結合を切るエネルギーでもあるので，電子の**結合エネルギー**の大きさでもある (1.2 節参照)．

Li と Na でどちらが陽イオンになりやすいかといえば，Na である．どうしてかというと，図 2.3 で示したように，3s 軌道のエネルギーのほうが 2s 軌道のエネルギーよりも基準の 0 に近く，結合エネルギーが小さいからである．同じ族では，原子番号の大きい元素のほうが，価電子は基準 0 に近い原子軌道にあり，イオンになりやすい．また，同じ周期では，原子番号の大きい元素のほうが原子核の電荷が大きくなり，原子核が電子を強く引っ張るので，原則的には結合エネルギーは大きくなり，イオンになりにくい．

F，Cl，Br など (第 17 族元素) は**ハロゲン元素**といわれる．これらの元素にさらに 1 個の電子が結合すると，貴ガス元素と同じように ① 〜 ④ のグループが満杯となり安定になる．つまり，1 個の電子が付着して 1 価の**陰イオン**になりやすい．このときに放出されるエネルギーを，イオン化エネルギーに対して**電子親和力**という．F に電子が付着する例を**図 2.6** に示した．なお，F の電子親和力は 2p 軌道のエネルギーではなく，陰イオンである F^-

---

[†1] 同じ 1s 軌道でも Li よりも Li^+ のエネルギー準位を低い位置に書いた．他の電子が原子核の電荷を薄めるという遮蔽効果が弱くなるからである．逆に，図 2.6 では，F よりも F^- のエネルギー準位を高い位置に書いた．ただし，1s 軌道と 2s 軌道の間隔は厳密には書いていない．詳しくは p.169 の参考書を参照．

2.5 イオン化エネルギーと電気陰性度

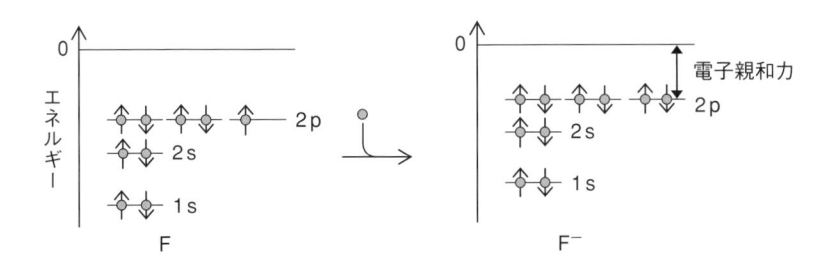

図2.6 フッ素は1個の電子を付着しようとする

の電子が脱離（$F^- \rightarrow F + e$）するときの2p軌道のエネルギーに対応する．

イオン化エネルギーと電子親和力の平均値をマリケンの**電気陰性度**という．電気陰性度は，原子が化学結合して分子になったときに，それぞれの元素が電子を引きつける度合いを表し，化学結合で重要な指標の一つである．一方，ポーリングはイオン化エネルギーと電子親和力にはこだわらずに，いろいろな二原子分子の電荷の偏り（4.5節参照）をうまく説明できるように，それぞれの元素の電気陰性度の相対的な値を定義した（**表2.2**）．同じ周期では，原子番号が大きいほど原子核の電荷が大きくなって電子を引っ張る力が強く，電気陰性度は大きくなる．また，同じ族では，原子番号が大きいほどイオン化エネルギーが小さく，電気陰性度も小さくなる傾向がある．

表2.2 ポーリングの電気陰性度（代表的な元素）

H 2.20							He
Li 0.98	Be 1.57	B 2.04	C 2.55	N 3.04	O 3.44	F 3.98	Ne
Na 0.93	Mg 1.31	Al 1.61	Si 1.90	P 2.19	S 2.58	Cl 3.16	Ar
K 0.82	Ca 1.00	Ga 1.81	Ge 2.01	As 2.18	Se 2.55	Br 2.96	Kr
Rb 0.82	Sr 0.95	In 1.78	Sn 1.96	Sb 2.05	Te 2.10	I 2.66	Xe
Cs 0.79	Ba 0.89						

演習問題

2.1 Ti（原子番号22）の古典的な電子構造モデルを書け．

2.2 Ti の価電子数はいくつか．

2.3 Ti の電子配置を書け．

2.4 主量子数 n の原子軌道の種類の数を，n を使った式で表せ．

2.5 $n=4$, $l=2$ の原子軌道の名前は何か．

2.6 Li～Ne の中で反磁性の元素はどれか．

2.7 第16族元素は一般に何と呼ばれるか．

2.8 15種類のランタノイドの電子配置の違いは何か．

2.9 F と Cl のイオン化エネルギー（$X \rightarrow X^+ + e$）はどちらが大きいか．

2.10 Si の安定な陽イオンは何価になるか．

コラム

「力」と「エネルギー」

　第1章で述べたように，「力」は（質量 × 加速度）のことであり，「エネルギー」は（距離 × 力）のことである．エネルギーの単位はジュール（$J = m^2\,kg\,s^{-2}$）であり，力の単位はニュートン（$N = m\,kg\,s^{-2} = J\,m^{-1}$）であり，まったく異なる物理量である（**表 B.3** 参照）．それにもかかわらず，原子が電子を放出するために必要なエネルギーを「イオン化エネルギー」というのに対して，電子を奪うときに放出されるエネルギーを「電子親和力」という．同じエネルギーなのだから，電子親和エネルギーといったほうが誤解は少ない．ただし，ニュートンとジュールの関係を見るとわかるように，「力」を単位長さあたりのエネルギーと考えることもできる．

　普段の生活でも同じような混乱がある．「電力メーター」とか，「消費電力」とかいったりする．この場合の「力」は手で押したりする「力」のことではない．電力の「力」は単位時間あたりのエネルギーのことであり，電力の単位にはワット（$W = m^2\,kg\,s^{-3} = J\,s^{-1}$）が使われる．それでは電気を使ったときのエネルギーはどのように表現するかというと，「電力量」という．電力量は電力に時間をかけた物理量であり，エネルギーを表す．

第3章
分子軌道と共有結合

　原子と原子が近づくと，原子軌道が重なって分子軌道ができる．原子軌道関数の符号の組合せによって，エネルギーの低い安定な結合性軌道と，エネルギーの高い不安定な反結合性軌道ができる．反結合性軌道の電子数に比べて結合性軌道の電子数が多いほど結合は強く，結合距離は短くなる．この章では，同じ種類の元素からできる等核二原子分子に着目し，化学結合を担う電子の分子軌道の様子とエネルギーを，系統的に探ることにする．

3.1　原子と原子が近づくと

　第1章では原子の構造について説明した．第2章では原子核の周りの電子の分布（原子軌道関数）と電子のエネルギーについて説明した．ここでは，いよいよ，原子と原子がどのように化学結合するかについて，原子軌道関数を使って説明する．そもそも，原子は電気的に中性であるにもかかわらず，原子と原子の間に引力が働いて結合して分子ができるのは，なぜだろうか．

　最も簡単な元素である水素原子が2個近づくとしよう．2.4節で述べたように，それぞれの原子の電子は1s軌道にある．それらの原子軌道関数をχ_Aとχ_Bとしよう．2.3節で述べたように，1s軌道の形は球対称である．つまり，原子核の中心からどちらの方向でも，原子核からの距離が同じならば関数の値は同じになる．しかし，1s軌道が球対称であるのは，ただ1個の水素原子が存在する場合である．もしも，もう1個の水素原子が近づくと，方向に違いが生まれる．どうなるかというと，2個の原子核の間では，関数の値が両方の原子の1s軌道の和になり大きくなる（**図3.1**では濃くなる）．関数の値が大きくなれば2乗した値も大きくなるから，電子の存在確率が増え，

H原子 χ_A ⇒ ⇐ χ_B H原子

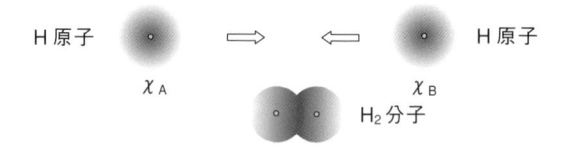

H₂分子

図 3.1 原子が近づくと，原子核と原子核の間で電子の存在確率が増える

そのぶん，近づく水素原子の反対側での電子の存在確率が減る（薄くなる）．存在確率は全空間で積分すると，必ず 1 にならなければならないからである．

原子核と原子核の間で電子の存在確率が増えると，エネルギーが低くなって安定になる．なぜならば，原子核は正の電荷をもち，電子は負の電荷をもち，電気的に引力が働くからである．2 個の原子が近づくと，原子核の間の電子は両方の原子核を引っ張るようになり，エネルギーが下がる．これが化学結合の本質であり，このような結合を**共有結合**という．結局，2 個の原子はばらばらで存在するよりも，近づいて分子になったほうが安定である．ただし，いくらでも近づいてよいかというと，そうではない．あまりにも近づき過ぎると，電子が原子核の間で存在できる領域はかなり狭くなり，正の電荷をもつ 2 個の原子核が電気的に反発してエネルギーが高くなり，不安定になる．その様子を**図 3.2** のグラフで示す（これを**ポテンシャル曲線**という）．横軸には 2 個の原子核の距離，縦軸には 2 個の原子がばらばらになっているときのエネルギーを基準 (0) にして，2 個の原子のエネルギーの和をとって

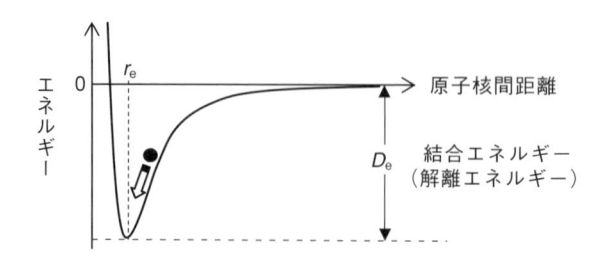

図 3.2 結合性軌道のポテンシャル曲線

ある．

　このグラフを理解するためには，ポテンシャル曲線のどこかにボールを置いて考えるとよい．ボールはどこに置いてもエネルギーの一番低いところに行こうとする．最もエネルギーの低い値を与える距離のことを**平衡核間距離**（r_e）という．たとえば，ボールが r_e から長くなったり短くなったりしても，すぐに r_e に戻ろうとする．なお，2個の原子がばらばらになったときのエネルギー（基準の0）と，2個の原子核の距離が r_e になっているときのエネルギーとの差を**結合エネルギー**という．あるいは，逆に分子をばらばらにするために必要なエネルギーと考えれば，**解離エネルギー**（D_e）でもある．

3.2 結合性軌道と反結合性軌道

　2個の水素原子の1s軌道が重なるときには，注意しなければならないことがある．それは原子軌道関数の符号である．すでに2.3節で述べたように，1個の原子の場合には，関数の符号がプラスであるかマイナスであるかを考えることには意味がなかった．なぜならば，関数の2乗が電子の存在確率を表し，関数の符号にかかわらず，必ずプラスの値になるからである．しかし，2個の原子が近づくときには，相手が自分と同じ符号か反対の符号か，注意しなければならない．このことを2個の水素原子の1s軌道（χ_A と χ_B）と水素分子の軌道（ϕ）を使って，わかりやすく説明しよう（原子軌道に対して，ϕ のことを**分子軌道**という）．

　3.1節で説明した原子軌道の重なりによってできる分子軌道は，

$$\phi_+ = \chi_A + \chi_B \tag{3.1}$$

とおいたことを意味している[†1]．ϕ の右下に添えた + は，2個の原子の1s軌道が同じ符号で重なることを表している．原子軌道と同じように分子軌道関数を2乗すれば，分子内の電子の存在確率を計算することができ，

[†1] 本来ならば5.1節で説明するように，規格化定数を書いて全空間で積分すると1になるようにする必要があるが，ここでは省略して説明する．

$$\phi_+{}^2 = (\chi_A + \chi_B)^2 = (\chi_A)^2 + 2\chi_A\chi_B + (\chi_B)^2 \qquad (3.2)$$

となる．この式より，ばらばらの原子のときに比べて，2個の原子軌道関数の重なる部分では，$2\chi_A\chi_B$ だけ電子の存在確率が増えることがわかる．2個の原子核の間に電子が入り込んで，2個の原子核を結合しようとする分子軌道なので，ϕ_+ のことを**結合性軌道**という．これに対して，2個の原子軌道関数の符号を反対にして近づけることもできる（**図3.3**）．式で表せば，

$$\phi_- = \chi_A + (-\chi_B) \qquad (3.3)$$

となる．結合性軌道と同様に，2乗して電子の存在確率で考えてみると，

$$\phi_-{}^2 = (\chi_A - \chi_B)^2 = (\chi_A)^2 - 2\chi_A\chi_B + (\chi_B)^2 \qquad (3.4)$$

となり，2個の原子軌道関数の重なる部分では，$2\chi_A\chi_B$ だけ電子の存在確率が減る．そうすると，電子はどこに存在するかというと，相手の原子核の反対側，つまり，外側である．

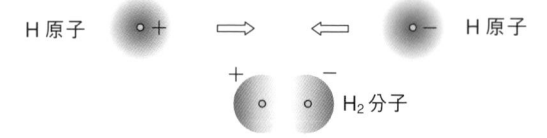

図3.3 反対符号で原子が近づくと，原子核と原子核の間で電子の存在確率が減る

この場合，正の電荷をもつ2個の原子核がまともに近づくことになるので，電気的に反発して不安定になる．そして，2個の原子核は離れれば離れるほど安定になり，無限遠に離れたところ，つまり，ばらばらの原子の状態が最

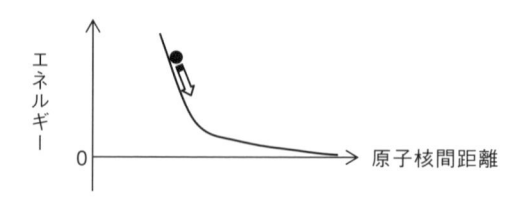

図3.4 反結合性軌道のポテンシャル曲線

も安定になる (図 3.4). したがって, ϕ_- のことを**反結合性軌道**という. 反結合性軌道のポテンシャル曲線上のどこにボールをおいても, ちょうど滑り台をすべるように, 原子核間距離が無限大になる方向にころがってしまう.

水素分子には 2 個の電子が存在するが, 結合性軌道と反結合性軌道のどちらを好むかといえば, もちろん, 結合性軌道である. すでに何度も説明したように, 粒子は常にエネルギーの低い状態を好むからである. ただし, 電子スピンのことを忘れてはならない (2.4 節参照). 同じ軌道では電子スピンの向きを必ず逆にしなければならない. これをパウリの排他原理といった. 幸いなことに, H_2 分子に含まれる電子の数は 2 個であり, 電子スピンの向きも 2 種類なので, 両方の電子が結合性軌道に入ることができる. 原子軌道のときと同じように縦軸にエネルギーをとって, 分子軌道と電子のエネルギーと電子配置を図で表すと, **図 3.5** のようになる. ここで縦軸のエネルギーは, 原子軌道のときと同じように, 電子が原子核の束縛から逃れて自由になった状態を基準 (0) にとった (図 3.2 と図 3.4 では, 2 個の原子がばらばらになった状態を基準にとっている). 原子軌道と同じように, 結合性軌道 (ϕ_+) のエネルギーの大きさが H_2 分子のイオン化エネルギーとなる. 電子親和力についても原子軌道での説明と同様なので, ここでは省略する.

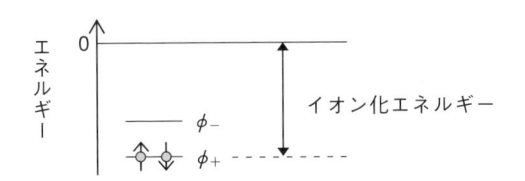

図 3.5 水素分子 (H_2) の電子配置とイオン化エネルギー

● 3.3 分子の電子配置のルール

水素原子の代わりに, 2 個の He 原子が近づくとどうなるだろうか (同じ種類の 2 個の原子からなる分子を**等核二原子分子**という). He 原子は価電

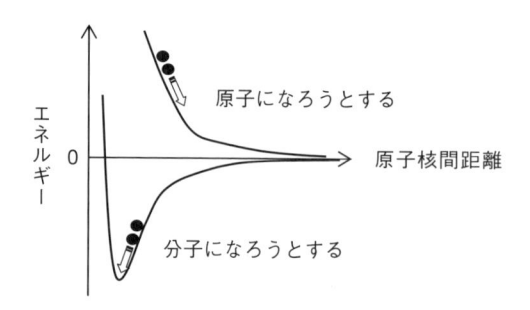

図 3.6　He$_2$ 分子のポテンシャル曲線

子が 0 だから，結合して分子になるとは思えない．そのことを原子軌道と分子軌道で考えてみよう．2.4 節で述べたように，He 原子の電子も水素原子と同様に 1s 軌道にある．そうすると，2 個の He 原子が近づくと，水素原子と同様に，ばらばらの原子のエネルギーよりも低い安定な結合性軌道（ϕ_+）と，エネルギーの高い不安定な反結合性軌道（ϕ_-）の両方ができる．ただし，2 個の He 原子の電子数の合計は 2 個ではなく，4 個である．もちろん，4 個の電子はすべてエネルギーの低い結合性軌道に入ろうとする．しかし，電子スピンの向きは 2 種類しかないので，パウリの排他原理によって 2 個の電子しか結合性軌道に入れない．残りの 2 個の電子は仕方なくエネルギーの高い反結合性軌道に入る（**図 3.6**）．結合性軌道の 2 個の電子によって，せっかく He$_2$ 分子になろうとするのに，反結合性軌道の 2 個の電子によって，ばらばらの He 原子になろうとする．さらに電子間の反発なども考えれば，2 個の He 原子は分子になってもほとんど得をしない（エネルギーが下がらない）．つまり，He$_2$ 分子は安定には存在しない．

　それでは，さらに原子番号の大きい原子が近づくとどうなるだろうか．たとえば，2 個の Li 原子が近づいたとする．この場合には Li 原子の電子は 3 個であり，そのうち 2 個の電子は 1s 軌道にある．これらは 2.1 節で述べたように内殻電子なので，Li 原子が近づいても原子軌道関数はほとんど重ならない．つまり，共有結合にはほとんど関係しない．一方，残りの 1 個の電子

は2s軌道にある．これは最外殻にある電子であり，価電子である．そうすると，2個のLi原子が近づくときに，1s軌道ではなく2s軌道からできる分子軌道が共有結合をつくると思われる．そのつくり方は1s軌道の場合と同じでよい．2s軌道からもエネルギーの低い（安定な）結合性軌道とエネルギーの高い反結合性軌道ができる．そして，それぞれのLi原子の2s軌道の2個の価電子は，パウリの排他原理によって結合性軌道に入る．分子軌道を区別するために，1s軌道からできる結合性軌道をσ_{1s}軌道，反結合性軌道をσ_{1s}^*軌道，2s軌道からできる結合性軌道をσ_{2s}軌道，反結合性軌道をσ_{2s}^*軌道と名づける．つまり，分子軌道のもとになっている原子軌道の名前を添え，反結合性軌道の場合には*印をつける．**図3.7(a)**にはLi$_2$分子の価電子の配置を示した．2個の価電子はエネルギーの低い結合性軌道にある．したがって，2個のLi原子は近づいて共有結合してLi$_2$分子になる．

今度は2個のBe原子が近づくとしよう．この場合にはLi原子と同じように，2s軌道からできる結合性

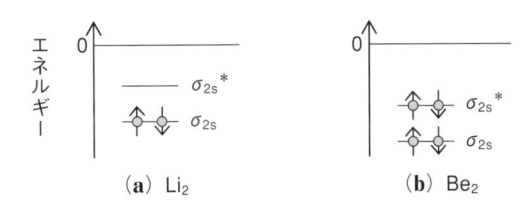

図3.7 Li$_2$分子およびBe$_2$分子の価電子の配置

軌道（σ_{2s}軌道）と反結合性軌道（σ_{2s}^*軌道）を考えればよい．2個のBe原子の合計4個の価電子は，パウリの排他原理に従って2個ずつがこれらの分子軌道に入る（**図3.7(b)**）．そうすると，He$_2$分子の場合と同じである．結合性軌道の2個の電子は，エネルギーが下がって安定化するので分子になろうとするが，反結合性軌道の電子は不安定化するので，ばらばらの原子になろうとする．結局，Be$_2$分子はHe$_2$分子と同様に安定には存在しない．

◉3.4　2p軌道からはσ軌道とπ軌道ができる

さらに原子番号の大きな原子が近づくとどうなるだろうか．これまでに説

明した原子と異なることは，価電子が 2s 軌道だけではなく 2p 軌道にも入っていることである．すでに 2.4 節で述べたように，2p 軌道は $2p_x$，$2p_y$，$2p_z$ の三つの原子軌道が縮重している．1s 軌道や 2s 軌道と同様に考えれば，それぞれの原子の 2p 軌道が重なって，結合性軌道と反結合性軌道ができる．ただし，分子軸方向を z 軸と定義すると，$2p_z$ 軌道からできる分子軌道の形は $2p_x$ 軌道および $2p_y$ 軌道からできる分子軌道の形とは異なる（**図 3.8**）．

　$2p_z$ 軌道からできる分子軌道は分子軸方向から眺めると，1s 軌道や 2s 軌道と同じように丸く見える．このような軌道を **σ軌道** というので，$2p_z$ 軌道からできる分子軌道の名前は，結合性軌道が σ_{2p_z}，反結合性軌道が $\sigma_{2p_z}{}^*$ となる．一方，$2p_x$ 軌道および $2p_y$ 軌道からできる分子軌道は，分子軸方向から

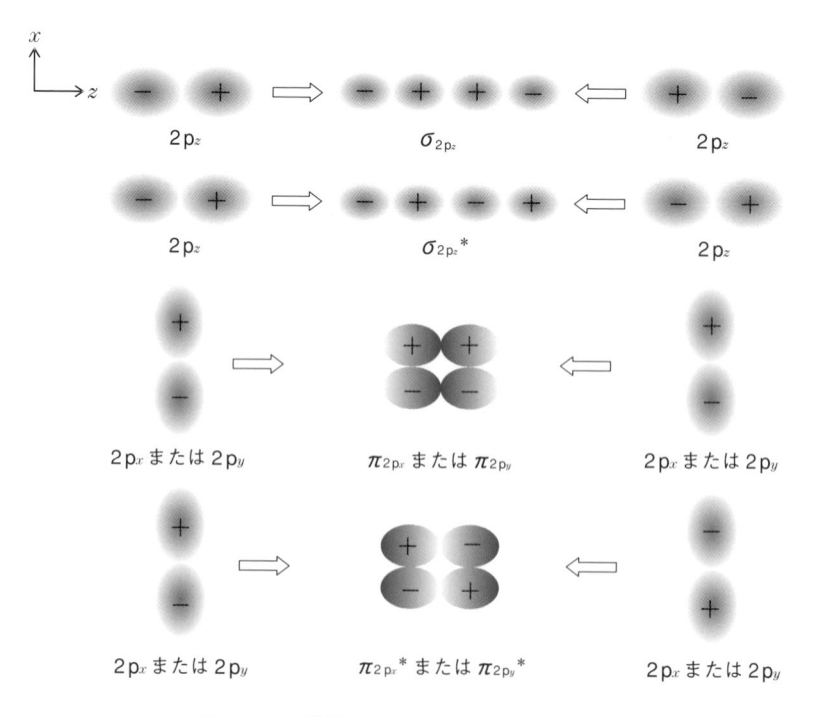

図 3.8 2p 軌道から σ 軌道と π 軌道ができる

眺めると 2p 軌道のように見える．このような軌道を **π 軌道**という．$2p_x$ 軌道および $2p_y$ 軌道からできる結合性軌道の名前は π_{2p_x} および π_{2p_y} であり，二つあわせて π_{2p} 軌道という．そして，$2p_x$ 軌道と $2p_y$ 軌道が縮重しているように π_{2p_x} 軌道と π_{2p_y} 軌道も縮重していて，それらのエネルギーは同じである．

σ_{2p_z} 軌道と π_{2p} 軌道を比べたときに，どちらのエネルギーが低いかは，結構，難しい問題である．そもそも，もとになる $2p_z$ 軌道と $2p_x$ 軌道と $2p_y$ 軌道のエネルギーは同じである．しかし，σ 軌道と π 軌道では原子軌道関数の重なり方が違うし，電子間の反発も原子軌道関数の形によって微妙に違う．詳しいことは省略するが，N_2 とそれよりも電子数の少ない等核二原子分子では，π_{2p} 軌道のエネルギーのほうが σ_{2p_z} 軌道よりも低い．一方，N_2 よりも電子数の多い等核二原子分子では，σ_{2p_z} 軌道のエネルギーのほうが π_{2p} 軌道よりも低い．また，原子軌道関数の反対符号によってできる反結合性軌道の $\pi_{2p_x}{}^*$ 軌道と $\pi_{2p_y}{}^*$ 軌道も縮重していて，σ_{2p_z} 軌道のほうが π_{2p} 軌道のエネルギーよりも低い場合には，$\sigma_{2p_z}{}^*$ 軌道は $\pi_{2p}{}^*$ 軌道のエネルギーよりも高い．

B から Ne までの元素からなる等核二原子分子の電子配置を **図 3.9** に示した．同じ名前の軌道でも，実際のエネルギーの値は元素の種類によって異なるが，わかりやすくするために，それぞれの分子軌道のエネルギーを等間隔で書いた．図 3.9 を見ると，フントの規則は分子の電子配置でも成り立っていることがわかる．つまり，縮重した分子軌道（π 軌道）に電子が入るときには，できるだけ電子スピンの向きをそろえて，異なる分子軌道に入る．

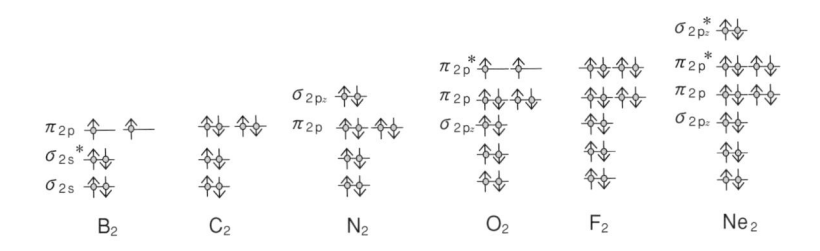

図 3.9 B_2 分子〜 Ne_2 分子の価電子の電子配置

3.5 結合エネルギーと結合距離

共有結合の強さの指標として,**結合次数**なるものを定義すると便利である.

$$結合次数 = \frac{n_b - n_a}{2} \tag{3.5}$$

n_b は結合性軌道（b は bonding の頭文字）の価電子数を表し,n_a は反結合性軌道（a は antibonding の頭文字）の価電子数を表す.たとえば,C_2 分子では,結合性軌道の価電子数が 6 で,反結合性軌道（＊のついた軌道）の価電子数が 2 なので,結合次数は 2 となる.つまり,二重結合であることがわかる.同様に考えれば,B_2 分子の結合次数は 1 となる.つまり,単結合である.ただし,図 3.9 からわかるように,B_2 分子の結合性軌道（π_{2p} 軌道）の 2 個の価電子はペアになっていない.このような電子を**不対電子**（unpaird electron）という.不対電子は反応性が高く不安定であり,不対電子をもつ分子を**ラジカル分子**ともいう.ラジカルとは"過激な"とか"急進的な"という意味である.B_2 分子も,そして,同じ族の Al_2 分子も,安定には存在しない.これに対して O_2 分子も不対電子をもつが,他の結合性軌道で価電子が対をつくるので,安定に存在する.実験的に求められた等核二原子分子の結合エネルギー（解離エネルギー）を **表 3.1** に示す.結合次数が大きければ結合エネルギーも大きくなっている.

等核二原子分子の結合距離を **表 3.2** に示す.1.5 節では,水素原子の電子が最も多く存在する位置は,ボーア半径（0.529 Å）の球面上であると説明した.2 個の水素原子が何の相互作用もせずに近づいたならば,その結合距離はボーア半径の 2 倍,つまり,1.058 Å になると考えられる.しかし,実際には H_2 分子の結合距離は 0.7414 Å である.どうしてこのように短いかというと,原子軌道関数が重なって結合性軌道ができ,2 個の原子核の間に電子の存在する確率が増し,電子が 2 個の原子核を引き寄せるからである.

同じ族の元素では,原子番号が大きくなるにつれて価電子の原子軌道の主量子数 n は大きくなり,電子の存在確率は外側に広がる（2.3 節参照）.し

表 3.1 実験的に求められた等核二原子分子の結合エネルギー

\multicolumn{8}{c}{結 合 次 数}							
1	0	1	2	3	2	1	0
H$_2$ 432							He$_2$
Li$_2$ 101	Be$_2$	B$_2$	C$_2$ 599	N$_2$ 942	O$_2$ 494	F$_2$ 155	Ne$_2$
Na$_2$ 69	Mg$_2$	Al$_2$	Si$_2$ 310	P$_2$ 486	S$_2$ 422	Cl$_2$ 239	Ar$_2$
K$_2$ 50					Se$_2$ 329	Br$_2$ 190	Kr$_2$
						I$_2$ 149	Xe$_2$

単位は kJ mol^{-1}.

表 3.2 実験的に求められた等核二原子分子の結合距離 (r_e)

\multicolumn{8}{c}{結 合 次 数}							
1	0	1	2	3	2	1	0
H$_2$ 0.7414							He$_2$
Li$_2$ 2.6729	Be$_2$	B$_2$	C$_2$ 1.2425	N$_2$ 1.0977	O$_2$ 1.2075	F$_2$ 1.4119	Ne$_2$
Na$_2$ 3.0789	Mg$_2$	Al$_2$	Si$_2$ 2.246	P$_2$ 1.8934	S$_2$ 1.8892	Cl$_2$ 1.9878	Ar$_2$
K$_2$ 3.9051					Se$_2$ 2.1660	Br$_2$ 2.2811	Kr$_2$
						I$_2$ 2.6663	Xe$_2$

単位は Å.

がって，たとえば，H$_2$ よりも Li$_2$，Li$_2$ よりも Na$_2$ のほうが結合距離は長くなる．また，同じ周期の元素では，原子番号が大きくなれば原子核の電荷が大きくなるので，電子を引っ張る力が強くなり，結合距離は短くなるはずである．しかし，結合に関与する電子の数（結合次数）のことを忘れてはならない．表 3.1 の結合エネルギーとは逆に，結合次数が大きくなれば大きくなるほど結合距離は短くなる[†1]．

[†1] 第 18 族元素である貴ガス元素や，第 2 族元素である Mg などは，共有結合ではなくファンデルワールス結合することが知られている（14.2 節参照）．

演習問題

3.1 水素分子イオン (H_2^+) の電子配置を書け.
3.2 水素分子イオン (H_2^-) の電子配置を書け.
3.3 H_2^+ の結合次数を求めよ.
3.4 H_2^- の結合次数を求めよ.
3.5 H_2^+, H_2, H_2^- のイオン化エネルギーを大きい順に並べよ.
3.6 He_2^+ の結合距離は H_2^+, H_2, H_2^- のどれと近いか.
3.7 N_2, O_2, F_2 の結合次数を求めよ.
3.8 図3.9の等核二原子分子の中で常磁性の分子はどれか.
3.9 Al_2 の価電子の電子配置を書け.
3.10 Al_2 の不対電子の入る分子軌道はどれか.

コラム

「波」と「粒子」

　光は電磁波の一種であり，電場と磁場が振動する横波である．波の特徴の一つは回折することである．真っ暗な部屋にドアの隙間から光が差し込んでいるとしよう．部屋のどこからでも光を見ることができる．光はドアの隙間を起点としてどの方向にも進む．これが回折現象である (**図A1**)．今度は部屋の外からドアの隙間にボールを投げたとしよう．ボールは粒子の代表である．ボールは真っ直ぐに進むので，ドアの裏側に避けていれば当たることはない (**図A2**)．ところが，ミクロの世界では奇妙なことが起こる．電子は粒子なので真っ直ぐ進むしかないはずなのに，どちらの方向に進むか決まっていない (**図B1**)．そして，無数の電子を隙間に通すと，いろいろな方向に散乱し (**図B2**)，その結果，波の回折と同じ現象がみられる．これを**電子回折**という．電子は粒子のくせに波の性質をもつ．

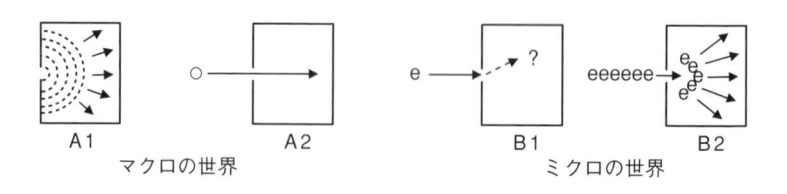

A1	A2	B1	B2
マクロの世界		ミクロの世界	

第4章
異核二原子分子と電気双極子モーメント

　異なる種類の2個の原子が近づくと，異核二原子分子ができる．等核二原子分子とは違い，異なる原子軌道が重なって分子軌道ができる．結合電子を引き寄せる力（電気陰性度）は元素の種類によって異なるので，異核二原子分子の結合には電気的な偏りができる．これを電気双極子モーメントという．この章では，異核二原子分子の分子軌道を調べ，共有結合を担う電子の分布と異核二原子分子に固有の性質を，系統的に探ることにする．

4.1　H原子とLi原子を近づけると

　第3章ではH_2分子やLi_2分子のように，同じ種類の元素からなる等核二原子分子の共有結合について説明した．それでは，異なる種類の元素からなる二原子分子（**異核二原子分子**）の共有結合は，どのようになっているのだろうか．最も簡単な異核二原子分子としては，HとHeが結合したHeHが考えられるが，Heは不活性ガスなので，それほど安定そうでない．そこで，その次に簡単な異核二原子分子として，HとLiからなるLiHを考えてみよう．

　2.4節で述べたように，Hには1s軌道に1個の電子が入る（**図4.1**）．一方，Liにも1s軌道に2個の電子が入る．しかし，Liの原子核の電荷はHの原子核の3倍も大きくて電子を強く引っ張るので，Liの1s軌道のエネルギーはHの1s軌道のエネルギーに比べてとても低い．詳しいことは省略するが，二つの原子軌道のエネルギーの差が大きくなると，二つの波動関数の広がりの違いも大きくなり，重なりが小さくなる．つまり，Liの1s軌道は分子になってもHの1s軌道とほとんど重ならず，化学結合にはほとんど関与しない．LiHになってもLiの1s軌道とほとんど変わらないこの分子軌道

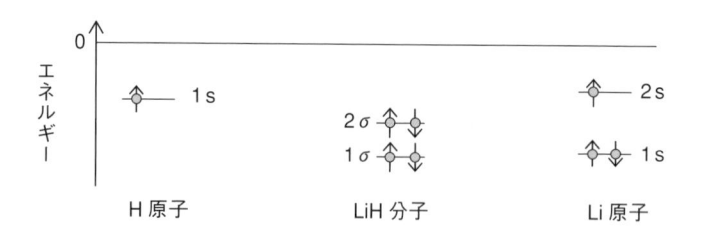

図 4.1 水素化リチウム (LiH) の分子軌道

を1σ軌道と呼ぶ．分子軸方向から眺めると，s 軌道に見えるからである（3.4 節参照）．数字の 1 はσ軌道の中で最もエネルギーが低いことを表す（この章のエネルギー準位図は量子化学計算に基づく厳密な結果とは異なる）．

Li の価電子は 2s 軌道に 1 個あり，H の 1s 軌道の価電子のエネルギーとだいたい同じくらいである．そうすると，原子軌道の種類は違うが，H の 1s 軌道と Li の 2s 軌道が重なって分子軌道をつくる．同じ符号で重なれば安定な結合性軌道ができるが，1σ軌道よりもエネルギーが高いので2σ軌道と呼ぶ．LiH には合計 4 個の電子があり，パウリの排他原理に従って 2 個の電子が1σ軌道に，残りの Li の 1 個の価電子と H の 1s 軌道の 1 個の価電子が2σ軌道に入り，LiH の共有結合をつくる（図 4.1）．

● 4.2　BeH と BH の共有結合と電子配置

H が Li の代わりに Be に近づくと，どうなるだろうか．Be の 1s 軌道は LiH と同様に，BeH になってもほとんど影響を受けずに1σ軌道になる．また，Be の 2s 軌道は LiH と同様に H の 1s 軌道と重なって，結合性軌道である2σ軌道をつくる．しかし，1σ軌道と2σ軌道だけでは十分でない．なぜならば，BeH には合計で 5 個の電子が含まれているからである．パウリの排他原理に従って，1σ軌道と2σ軌道にそれぞれ 2 個ずつの電子が入っても，もう 1 個の電子が余る．そこで，エネルギーが 2s 軌道とほとんど変わらない 2p 軌道についても考えることにする．すでに 2.2 節で述べたように，2p

軌道には三つの原子軌道がある．等核二原子分子と同様に分子軸方向を z 軸とすると，そのうち $2p_x$ 軌道と $2p_y$ 軌道は H の 1s 軌道と直交している．詳しいことは省略するが（p.169 の参考書を参照），直交した二つの原子軌道は分子になっても重ならない．原子軌道関数のプラスの値とプラスの値の重なりが，プラスの値とマイナスの値の重なりによってキャンセルされるためと考えてもよい（**図 4.2 (a)**）．したがって，Be の $2p_x$ 軌道と $2p_y$ 軌道は BeH になっても，もとの原子軌道のままである．これらを 1π 軌道という．分子軸方向から眺めると p 軌道に見えるからである（3.4 節参照）．また，$2p_x$ 軌道と $2p_y$ 軌道が縮重しているので，1π 軌道も縮重した二つの分子軌道となっている．

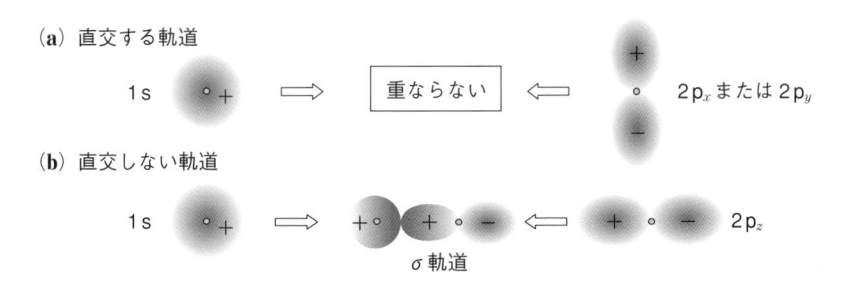

図 4.2 直交する原子軌道は重ならない

一方，Be の $2p_z$ 軌道は H の 1s 軌道と直交していないので，少し重なって少し安定な分子軌道ができる（**図 4.2 (b)**）．分子軸方向から見て s 軌道に見えるので，これを 3σ 軌道という．同じ 2p 軌道からできていても，必ずしも π 軌道になるわけではないので，注意が必要である（図 3.8 の σ_{2p_z} 軌道を参照）．3σ 軌道は 2σ 軌道ほど二つの原子軌道の重なりが大きくないので，共有結合への寄与はほとんどない．なお，H の 1s 軌道と Be 原子の 2s 軌道からできる反結合性軌道は，3σ 軌道よりもエネルギーが高いので 4σ 軌道という．等核二原子分子では反結合性軌道に＊印を付けたが，異核二原子分子の

分子軌道では＊印を付けない．結合性か反結合性かは，はっきりしない場合が多いからである．

BeH の分子軌道とそれぞれの原子の原子軌道の関係は，エネルギーの低い順に次のようになる．

$$1\sigma \approx \chi_{1s}(\text{Be}) \tag{4.1}$$

$$2\sigma \approx \chi_{1s}(\text{H}) + \chi_{2s}(\text{Be}) \tag{4.2}$$

$$3\sigma \approx \chi_{2p_z}(\text{Be}) \tag{4.3}$$

$$1\pi \approx \chi_{2p_x}(\text{Be}), \chi_{2p_y}(\text{Be}) \tag{4.4}$$

$$4\sigma \approx \chi_{1s}(\text{H}) - \chi_{2s}(\text{Be}) \tag{4.5}$$

また，BeH の合計 5 個の電子の配置を図 4.3 に示す．3σ 軌道の電子は 1 個しかないので，不対電子である (3.5 節参照)．したがって，BeH はラジカル分子であり，反応性が高く，そして，常磁性である．

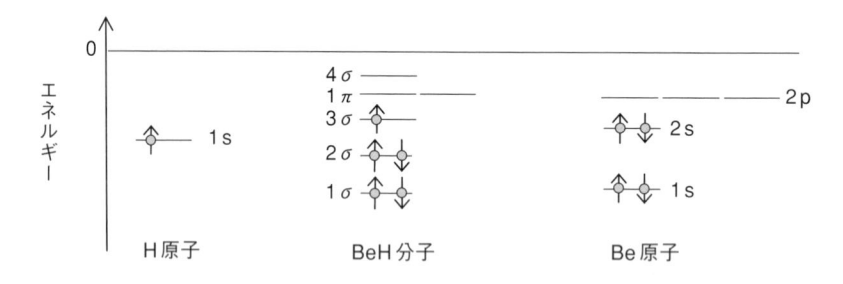

図 4.3 水素化ベリリウム (BeH) の分子軌道

Be の代わりに B になった場合も同様に考えることができる．ただし，BH は BeH に比べて電子数がさらに 1 個多くなり，合計で 6 個である．それでもパウリの排他原理に従って分子軌道に電子を入れれば，1σ 軌道に 2 個，2σ 軌道に 2 個，3σ 軌道に 2 個が入る (図 4.4)．なお，B は Be よりもさらに原子核の電荷が大きくなり，電子を強く引っ張るので，B の 2s 軌道を H 原子の 1s 軌道とほとんど同じ高さに書いた．

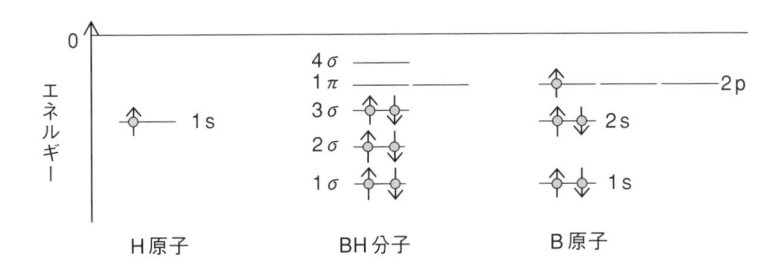

図 4.4　水素化ホウ素 (BH) の分子軌道

4.3　異核二原子分子の結合距離

　今度は CH を考えてみよう．C は全部で 6 個の電子があり，H の 1 個の電子をあわせれば合計で 7 個である．パウリの排他原理に従って，そのうちの 2 個は 1σ 軌道に，2 個は 2σ 軌道に，2 個は 3σ 軌道に入る．残りの 1 個はさらにエネルギーの高い 1π 軌道に入る（図 4.5）．1π 軌道には 1 個しか電子がないので，CH は BeH と同様にラジカル分子であり，不安定である．なお，すでに述べたように，3σ 軌道と 1π 軌道は H の 1s 軌道とはほとんど重ならず，CH になっても C の 2p 軌道とほとんど変わらないので，共有結合には関与しない．したがって，結合次数は 1 である．NH, OH, HF についても同様である．原子番号が大きくなって電子数が 1 個ずつ増えるにつれて，1π 軌道の電子数が 1 個ずつ増える（図 4.5）．ただし，NH の電子配置には注意が必要である．1π 軌道には縮重した二つの軌道があり，フントの規則に

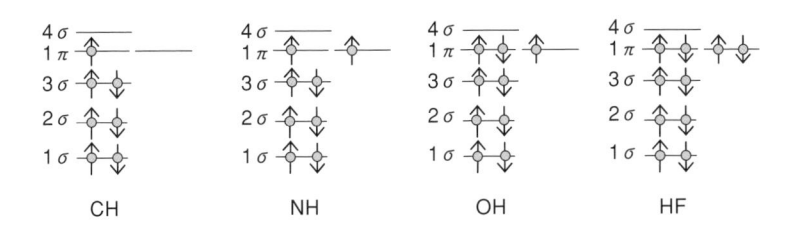

図 4.5　水素化物（CH 分子〜HF 分子）の電子配置

表 4.1 代表的な異核二原子分子（水素化物）の結合距離（r_e）

LiH 1.5949	BeH 1.3426	BH 1.2324	CH 1.1181	NH 1.0376	OH 0.9696	HF 0.9169	NeH
NaH 1.8865	MgH 1.7297	AlH 1.6478	SiH 1.5201	PH 1.4214	SH 1.3404	HCl 1.2746	ArH
KH 2.242	CaH 2.002	GaH	GeH 1.5580	AsH 1.5223	SeH 1.4641	HBr 1.4145	KrH
RbH 2.367	SrH 2.1456					HI 1.6090	XeH
CsH 2.4938	BaH 2.2318						

単位は Å．

従って 1 個ずつ電子が入る．NH も OH も不対電子があるのでラジカル分子であり，不安定である．一方，HF は不対電子をもたないので，安定な分子である．

代表的な水素化物の結合距離を **表 4.1** に示す．安定なハロゲン化水素以外はあまり見たことも聞いたこともないかもしれない．しかし，最近の科学・技術の発展は著しく，貴ガス元素の水素化物を除けば，ほとんどの元素の水素化物の結合距離が実験的に決められている．等核二原子分子（表 3.2）と同様に，同じ族の中では，原子番号が大きくなるにつれて，電子は外側に広がっている原子軌道に入るので，結合距離はしだいに長くなっている．一方，同じ周期の中では，原子番号が大きくなるにつれて，原子核の電荷が大きくなるために結合電子を引っ張る力が強くなり，結合距離は次第に短くなっている．水素の価電子は 1 個であり，表 4.1 のすべての水素化物の結合次数はすべて同じ 1 なので，それらの傾向がはっきりとわかる．つまり，周期表の左下から右上に向かって結合距離は短くなっている．

● 4.4 CO と NO の共有結合と電子配置

これまでは，異核二原子分子として水素化物のみを考えてきた．水素化物以外の異核二原子分子の分子軌道はどうなっているだろうか．例として，一

4.4 COとNOの共有結合と電子配置

酸化炭素 (CO) を考えてみよう．CO は水素化物とは異なり，両方の原子の原子番号が近くて，それぞれの原子の軌道のエネルギーはあまり違わない．そこで，とりあえず，等核二原子分子と同様の分子軌道を考えることにする．

それぞれの 1s 軌道の電子は内殻電子なので，分子になっても重なりがなく，ほとんど 1s 軌道のままである．O の原子核の電荷のほうが大きいので，O の 1s 軌道のエネルギーのほうが C よりも低い．したがって，O の 1s 軌道が 1σ 軌道，C の 1s 軌道が 2σ 軌道となる．2s 軌道同士あるいは 2p 軌道同士が重なると，結合性軌道と反結合性軌道ができる．すでに述べたように，2s 軌道同士および $2p_z$ 軌道同士では σ 軌道ができ，$2p_x$ 軌道同士および $2p_y$ 軌道同士では π 軌道ができる．CO の分子軌道とそれぞれの原子の原子軌道の関係を式で表せば，次のようになる．

$$1\sigma \approx \chi_{1s}(O) \tag{4.6}$$

$$2\sigma \approx \chi_{1s}(C) \tag{4.7}$$

$$3\sigma \approx \chi_{2s}(O) + \chi_{2s}(C) \tag{4.8}$$

$$4\sigma \approx \chi_{2s}(O) - \chi_{2s}(C) \tag{4.9}$$

$$1\pi \approx \chi_{2p_x}(O) + \chi_{2p_x}(C),\ \chi_{2p_y}(O) + \chi_{2p_y}(C) \tag{4.10}$$

$$5\sigma \approx \chi_{2p_z}(O) - \chi_{2p_z}(C) \tag{4.11}$$

$$2\pi \approx \chi_{2p_x}(O) - \chi_{2p_x}(C),\ \chi_{2p_y}(O) - \chi_{2p_y}(C) \tag{4.12}$$

$$6\sigma \approx \chi_{2p_z}(O) + \chi_{2p_z}(C) \tag{4.13}$$

合計 14 個の CO の電子は 1σ 軌道から 5σ 軌道まで 2 個ずつ入り，1π 軌道に 4 個が入る (**図 4.6 (a)**)．

等核二原子分子と同じように結合次数を考えてみよう (3.5 節参照)．1σ 軌道および 2σ 軌道は，それぞれが O および C の 1s 軌道とほとんど変わらず，共有結合に関与しない．3σ 軌道は結合性軌道 (等核二原子分子の σ_{2s} 軌道に対応する) であり，4σ 軌道は反結合性軌道である (等核二原子分子の σ_{2s}^* 軌道に対応する)．一方，$2p_x$ 軌道同士あるいは $2p_y$ 軌道同士でできた 1π 軌道と，$2p_z$ 軌道同士でできた 5σ 軌道は，ともに結合性軌道である．結

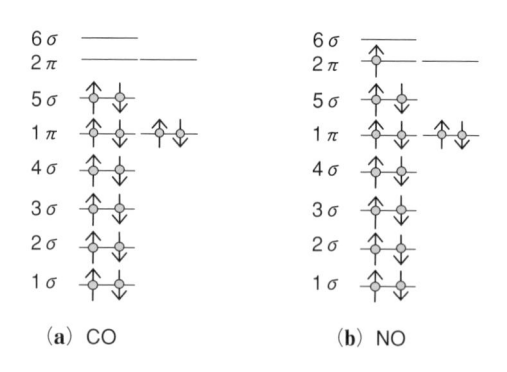

図4.6 一酸化炭素（CO）と一酸化窒素（NO）の電子配置

局，結合性軌道の価電子数は8個，反結合性軌道の価電子数は2個であり，結合次数は3 $(=(8-2)/2)$ となり，COは三重結合であることがわかる．

一酸化窒素（NO）の場合には，さらに電子が1個増えているので，2π 軌道にも入る必要がある（**図 4.6 (b)**）．2π 軌道は反結合性軌道なので，結合次数は $(8-3)/2=2.5$ となる．つまり，2.5重結合であり，二重結合と三重結合の中間の強さの共有結合と思われる．なお，5σ 軌道と 1π 軌道のどちらが安定であるかは微妙な問題であり（3.4節参照），ここでは，とりあえず 1π 軌道の方が 5σ 軌道よりも安定であると仮定した．

代表的な異核二原子分子の結合距離を **表 4.2** にまとめた．水素化物とはかなり違った傾向がみられる．水素化物では左下から右上に向かって結合距離が短くなったが，表4.2ではそうはなっていない．その原因は，表3.2の等核二原子分子と同様に，結合次数の異なる異核二原子分子の結合距離を比べているからである．

たとえば，表4.2の2行目に書いた酸化物を比べてみよう．本来ならば原子番号が大きくなるにつれて原子核の正の電荷は大きくなり，結合電子を引っ張る力が強くなるので，しだいに短くなるはずである．確かにBeOよりもBOが短く，BOよりCOが短くなっている．しかし，NOはCOよりも長い．その理由は，すでに述べたように結合次数の違いにある．COの結合

4.5 電気双極子モーメント　　45

表 4.2　代表的な異核二原子分子の結合距離 (r_e)

		BN 1.281	CN 1.172		
	BeO 1.331	BO 1.205	CO 1.128	NO 1.151	
LiF 1.564	BeF 1.361	BF 1.263	CF 1.272	NF 1.317	OF 1.358
			CP 1.562	NP 1.491	PO 1.476
		BS 1.609	CS 1.535	NS 1.494	SO 1.481
LiCl 2.021		BCl 1.715	CCl 1.645	NCl 1.611	ClO 1.570

単位は Å．

次数は 3 であるが，NO では反結合性軌道の価電子が 1 個増え，結合次数が 2.5 だからである．結合が弱くなれば結合距離は長くなる．CF も NO と同様に反結合性軌道の価電子が 1 個あり，結合次数は 2.5 である．また，CN と BO は結合性軌道の価電子が CO よりも 1 個少ないので，結合次数はやはり 2.5 である．表 4.2 で，CO の上下と左右にある異核二原子分子の結合次数はすべて 2.5 であり，三重結合の CO よりも結合距離が長い．

◉ 4.5　電気双極子モーメント

異核二原子分子には等核二原子分子にない重要な性質がある．それは**電気双極子モーメント** (μ_E) である．電気双極子モーメントというのは，分子の中にある電子の分布の偏りによってできる電気的な性質のことである．分子が光 (電磁波) を吸収したり放射したりするときや，液体や固体になったり結晶になったりするときに (第 12 章と第 14 章を参照)，この電気双極子モーメントがとても重要な役割を果たす．

等核二原子分子の場合には，2 個の原子核が同じ力で結合電子を引っ張っているから，電子の分布は対称的であり，電気的な偏りはない．つまり，電気双極子モーメントの大きさはゼロである (**図 4.7 (a)**)．一方，異核二原子

(a) $\mu_E = 0$ 等核二原子分子

(b) $\mu_E \neq 0$ 異核二原子分子

図 4.7 電荷の偏りと電気双極子モーメント

　分子では結合電子を引っ張る力，すなわち，電気陰性度（2.5 節の表 2.2 参照）が異なるので，共有結合に電気的な偏りができ，電気双極子モーメントが生まれる（図 4.7(b)）．普通は電気陰性度の大きな原子が負の電荷をもつ．

　一般に，ある距離 r で $+Q$ と $-Q$ の点電荷があるときに，電気双極子モーメントの大きさは，

$$\mu_E = rQ \tag{4.4}$$

であり，方向は $-Q$ から $+Q$ に向かって定義される．方向と大きさをもっているから，電気双極子モーメントは数学でいえばベクトルである（図 4.8(a)）．このことをわかりやすく理解するためには磁石を思い出せばよい．磁石の場合には**磁気双極子モーメント**（μ_M）というが，考え方は同じである．S 極と N 極の距離が l で，S 極に $-M$，N 極に $+M$ の磁極があるときには，磁気双極子モーメントの大きさは，

$$\mu_M = lM \tag{4.5}$$

となる（図 4.8(b)）．強い磁石は磁気双極子モーメントが大きく，弱い磁石は磁気双極子モーメントが小さい．

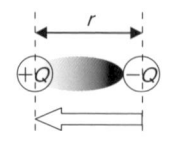

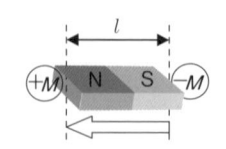

(a) 電気双極子モーメント

(b) 磁気双極子モーメント

図 4.8 電気双極子モーメントと磁気双極子モーメント

表 4.3 代表的なハロゲン化物の電気双極子モーメントの大きさ

HF	LiF	NaF	KF	BrF
1.827	6.328	8.37	8.585	1.422
HCl	LiCl	NaCl	KCl	BrCl
1.109	7.129	9.001	10.269	0.519
HBr	LiBr	NaBr	KBr	
0.827	7.268	9.118	10.628	
HI	LiI	NaI	KI	
0.448	7.429	9.236	10.82	

単位は D.

　ハロゲン元素を含む代表的な異核二原子分子の電気双極子モーメントの大きさを 表 4.3 に示す．単位は D で表し，"デバイ" と読む．1 D は 3.33564×10^{-30} C m のことである．表 4.3 では左側の元素の電荷が正に，右側の元素の電荷が負に偏っている．たとえば，1 列目に示した水素のハロゲン化物（ハロゲン化水素）では H が正に帯電し，ハロゲンが負に帯電している．そして，H と F の電気陰性度（表 2.2）の差が最も大きいので，HF の電気双極子モーメントが最も大きくなる．また，原子番号が大きくなるにつれて，ハロゲンの電気陰性度は H の電気陰性度に近づくので，電気双極子モーメントの値もゼロに近づいている．一方，Li のハロゲン化物を比べてみると傾向が逆になっている．その原因は，電気陰性度の差よりも結合距離の影響が大きいからである．つまり，LiF から LiI になるにつれて結合距離が長くなるので（表 4.2），電気双極子モーメントは次第に大きくなる．Na のハロゲン化物も K のハロゲン化物も同様である．(4.4) 式からわかるように，電気双極子モーメントを考える場合には，分子を構成する元素の電気陰性度の差から生まれる電荷 (Q) だけではなく，結合距離 (r) も考慮しなければならない．

演習問題

4.1 HeH が存在するとすると，どのような電子配置になるか．

4.2 LiH$^-$ の電子配置を書け．

4.3 C_2 と O_2 の結合距離の平均値と CO の結合距離を比較せよ．それらに差がある場合には，その原因を説明せよ．

4.4 BeO の電子配置と結合次数を求めよ．

4.5 BN の電子配置と結合次数を求めよ．

4.6 NF の価電子数はいくつか．

4.7 OF の価電子数はいくつか．

4.8 2種類のハロゲン元素からなる分子の電気双極子モーメントは，電気陰性度の差と原子核間距離のどちらの影響が大きいか．

4.9 LiF の Li および F の見かけの電荷を 表 4.2 と 表 4.3 の値から求め，完全に電気的に分離した Li^+ および F^- の電荷との割合（結合のイオン性）を求めよ．

4.10 完全に電気的に分離した Na^+ と Cl^- の距離が 2.82 Å であるとして，電気双極子モーメントの大きさを求め，表 4.3 の値と比較せよ．

● コラム ●

結婚式のスピーチ

構造化学を専門にしている大学の先生が，結婚式に招かれてスピーチすると，分子の化学結合の話をすることが多い．結婚して，これから夫婦になる二人を分子にたとえて，「夫婦というのは原子と原子が化学結合してできた分子と同じで，常に離れたり近づいたりしながら，それでも，しっかりと結ばれている（平衡核間距離の話）」とか，「お互いに性格が異なるほど，しっかりと結ばれている（電気陰性度の話）」などとスピーチしたりする．いずれも，なるほどと思い，「よし，頑張ろう」と決意を新たにする．

これが反応化学を専門にしている大学の先生だと，大変である．「夫婦というのは分子と同じで，強い光を照射すると分子が解離して原子になるように，いくら強く結ばれていても，大きなできごとがあると壊れたりすることもある（光解離の話）」となる．あるいは，「第三の原子が衝突すると，分子は解離して原子となり，衝突した原子と結合することもある」などといったスピーチもある．これは「浮気によって離婚することもあるから，注意しなさい」ということか？ できるならば，結婚式のときにはあまり聞きたくない話である．

第5章
混成軌道と分子の形

　3個以上の原子が結合して分子になるときには，原子軌道は柔軟に変化する．2s軌道と2p軌道からはsp混成軌道やsp^2混成軌道やsp^3混成軌道ができる．そして，混成軌道が重なって分子軌道ができ，結合性軌道に2個の価電子が入れば共有結合となる．また，多原子分子の形は中心原子の結合電子対と非共有電子対の合計で決まる．この章では，多原子分子の共有結合を担う電子の混成軌道の様子と分子の形を，系統的に探ることにする．

5.1　BeH_2とsp混成軌道

　第3章と第4章では，二原子分子の共有結合について説明した．それでは，3個以上の原子からなる分子（これを**多原子分子**という）の共有結合と形は，どのようになっているのだろうか．二原子分子では2個の原子核間の結合距離だけを考えればよかったが，多原子分子では3個の原子でつくる結合角や分子全体の形も考える必要がある．

　貴ガス元素の価電子数は0，アルカリ金属元素の価電子数は1であり，これらの元素が2個以上の原子と結合して多原子分子になるとは考えにくい．そこで，2個の価電子をもつBeに，2個のHが結合してできるBeH_2を考えることにする．まず，Beの電子配置を思い出してみよう．Beには1s軌道に2個の内殻電子があり，2s軌道に2個の価電子がある（2.4節）．2個の価電子が対になっているので，もう他の原子と共有結合しないと思うかもしれない．しかし，BeHで考えたように（4.2節），1個の電子が2s軌道にあり，1個の電子が2p軌道にあると考えれば，2個のHと共有結合しそうである．しかし，このように考えると困ったことが起こる．最初のHはBeの2s軌

道と重なった分子軌道から共有結合ができ，2個目のHはBeの2p軌道と重なった分子軌道から共有結合ができ，二つの共有結合に違いができてしまう．普通に考えれば，2個のHは同じようにBeと結合して，区別ができないはずである．どのように考えたらよいだろうか．

　原子軌道というのは，あくまでも原子の状態での軌道を表している．つまり，周りに何もなく，孤立した状態の原子の軌道である．二原子分子の共有結合で説明したように，他の原子が近づくと，原子軌道が重なって分子軌道ができるが，実は，孤立した原子の軌道のままで重なるのではなく，同じ原子の中のいくつかの軌道が混ざってできる軌道（これを**混成軌道**という）で重なることもある．

　Beでは，2個の価電子のために2s軌道と$2p_z$軌道が混ざって等価な（方向以外はすべて同じ）二つの軌道ができる．新しくできたこの原子軌道のことを**sp混成軌道**という．sp混成軌道は同じ符号で混ざるか，反対の符号で混ざるかによって2種類ができる．式で表せば，

$$\chi_1 = \frac{1}{\sqrt{2}} \chi_{2s} + \frac{1}{\sqrt{2}} \chi_{2p_z} \quad (5.1) \qquad \chi_2 = \frac{1}{\sqrt{2}} \chi_{2s} + \frac{1}{\sqrt{2}} (-\chi_{2p_z}) \quad (5.2)$$

となる．どうして$1/\sqrt{2}$の係数をつけたかというと，もとの原子軌道と同じように，混成軌道も2乗すると電子の存在確率を表すようにするためである．つまり，全空間で積分すると1になるようにするためである．実際に(5.1)式を2乗して積分してみよう．

$$\int (\chi_1)^2 d\tau = \frac{1}{2} \int (\chi_{2s})^2 d\tau + \int (\chi_{2s})(\chi_{2p_z}) d\tau + \frac{1}{2} \int (\chi_{2p_z})^2 d\tau \quad (5.3)$$

$d\tau$は$dxdydz$のような空間に関する積分因子を一般的に表したものであるが，ここでは気にしなくてよい．右辺の第一項と第三項の積分値は，原子軌道関数の2乗の積分だから1である（2.2節参照）．また，第二項はχ_{2s}軌道とχ_{2p_z}軌道が直交しているので，積分値は0である．したがって，χ_1の2乗の積分値は1となり，電子の存在確率を表していることがわかる．係数$1/\sqrt{2}$

のことを**規格化定数**という.

χ_1 軌道は z 軸の正の方向に広がった軌道である.なぜならば,正の方向では χ_{2s} 軌道の正の値と χ_{2p_z} 軌道の正の値が重なるからである(**図 5.1 (a)**).逆に χ_2 軌道は z 軸の負の方向に広がった軌道である(**図 5.1 (b)**).2 個の H が近づくと,Be の 2 個の価電子は二つの sp 混成軌道に 1 個ずつ入る.そして,Be の sp 混成軌道と H の 1s 軌道が同じ符号で重なれば結合性軌道ができ,反対の符号で重なれば反結合性軌道ができ,Be の 1 個の価電子と H の 1 個の価電子が結合性軌道に入れば共有結合となる(**図 5.2**).二つの sp 混成軌道の方向を考えれば,BeH$_2$ が直線形であることがわかる.

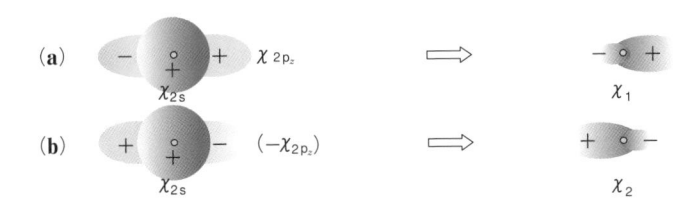

図 5.1 2s 軌道と 2p$_z$ 軌道から二つの sp 混成軌道ができる
(2s 軌道の代わりに,1s 軌道の図で説明する)

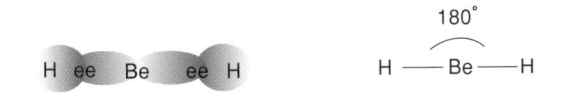

図 5.2 Be の sp 混成軌道と H の 1s 軌道で BeH$_2$ の分子軌道ができる

● 5.2 BH$_3$ と sp^2 混成軌道

今度はホウ素 (B) に H が結合する場合を考えてみよう.孤立した状態の B には,1s 軌道に内殻電子が 2 個,2s 軌道に価電子が 2 個,2p 軌道に価電子が 1 個ある (2.4 節参照).もしも,BeH$_2$ と同じように考えれば,3 個の価電子のために,一つの 2s 軌道と二つの 2p 軌道が混ざって新たな三つの混成軌道ができる.これを **sp^2 混成軌道** という.詳しいことは省略するが,二

つの 2p 軌道が $2p_z$ 軌道と $2p_x$ 軌道であると仮定すると，sp^2 混成軌道は，

$$\chi_1 = \frac{1}{\sqrt{3}} \chi_{2s} + \frac{\sqrt{2}}{\sqrt{3}} \chi_{2p_z} \tag{5.4}$$

$$\chi_2 = \frac{1}{\sqrt{3}} \chi_{2s} + \left(-\frac{1}{\sqrt{6}} \chi_{2p_z}\right) + \frac{1}{\sqrt{2}} \chi_{2p_x} \tag{5.5}$$

$$\chi_3 = \frac{1}{\sqrt{3}} \chi_{2s} + \left(-\frac{1}{\sqrt{6}} \chi_{2p_z}\right) + \left(-\frac{1}{\sqrt{2}} \chi_{2p_x}\right) \tag{5.6}$$

となる（p.169 の参考書を参照）．規格化定数が複雑そうな式であるが，気にする必要はない．大事なことは，χ_1, χ_2, χ_3 で表される三つの等価な混成軌道が，xz 平面内で正三角形の頂点の方向に広がっているということである．そして，3個のHが近づくと，Bの sp^2 混成軌道がHの1s軌道と重なって分子軌道をつくり，Bの1個の価電子とHの1個の価電子が結合性軌道に入れば共有結合ができる．結果的に BH_3 のHは xz 平面内で正三角形となる（**図 5.3**）．残りの $2p_y$ 軌道はどうなるかというと，混成軌道に参加していないので $2p_y$ 軌道のままである．ただし，この軌道には価電子がないので**空軌道**という．空軌道のある分子は安定ではない．他の原子や分子の価電子が空軌道に入り込んで，反応しやすいと考えればよい（6.2 節参照）．BH_3 もかなり不安定であり，二つの分子が反応してジボラン（B_2H_6）になる（5.5 節で説明する）．

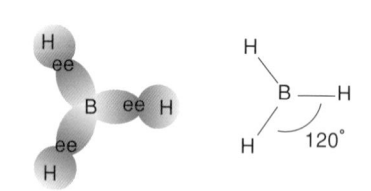

図 5.3 Bの sp^2 混成軌道とHの1s軌道で BH_3 の分子軌道ができる

● 5.3　CH_4, NH_3, H_2O と sp^3 混成軌道

今度は中心原子として炭素（C）を考えよう．Cの価電子は 2s 軌道の2個と 2p 軌道の2個である．そうすると，Cは4個の価電子のために，一つの 2s 軌道と三つの 2p 軌道（$2p_x$, $2p_y$, $2p_z$ 軌道）で四つの等価な混成軌道を

5.3 CH_4, NH_3, H_2O と sp^3 混成軌道

つくり,それぞれの軌道に1個ずつ価電子が入る.この新たな原子軌道を**sp^3 混成軌道**という.式で表せば,次のようになる.

$$\chi_1 = \left(\frac{1}{2}\chi_{2s}\right) + \left(\frac{1}{2}\chi_{2p_z}\right) + \left(\frac{1}{2}\chi_{2p_x}\right) + \left(\frac{1}{2}\chi_{2p_y}\right) \tag{5.7}$$

$$\chi_2 = \left(\frac{1}{2}\chi_{2s}\right) + \left(\frac{1}{2}\chi_{2p_z}\right) + \left(-\frac{1}{2}\chi_{2p_x}\right) + \left(-\frac{1}{2}\chi_{2p_y}\right) \tag{5.8}$$

$$\chi_3 = \left(\frac{1}{2}\chi_{2s}\right) + \left(-\frac{1}{2}\chi_{2p_z}\right) + \left(-\frac{1}{2}\chi_{2p_x}\right) + \left(\frac{1}{2}\chi_{2p_y}\right) \tag{5.9}$$

$$\chi_4 = \left(\frac{1}{2}\chi_{2s}\right) + \left(-\frac{1}{2}\chi_{2p_z}\right) + \left(\frac{1}{2}\chi_{2p_x}\right) + \left(-\frac{1}{2}\chi_{2p_y}\right) \tag{5.10}$$

四つの sp^3 混成軌道は等価であるから,どの二つの混成軌道が成す角度もすべて同じでなければならない.また,sp^3 混成軌道は $2p_x$, $2p_y$, $2p_z$ 軌道のすべてを使っているので,三次元空間に広がっている.以上のことを考慮すると,χ_1 から χ_4 の四つの混成軌道は,C を中心に置いた立方体の隣り合わない四つの頂点に向かう方向に広がっている.そして,H の 1s 軌道が重なると,結合性軌道と反結合性軌道ができ,C と H のそれぞれ1個ずつの価電子が結合性軌道に入れば共有結合となる.結果的に CH_4 の H は正四面体形となる(**図 5.4**).なお,C と H の結合距離は 1.0870 Å である.

それでは,中心原子が C の代わりに窒素 (N) になると,どうなるだろうか.N は 2s 軌道に2個の電子,2p 軌道に3個の電子の合計5個の価電子があ

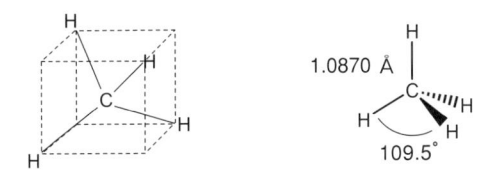

図 5.4 C の sp^3 混成軌道と H の 1s 軌道で CH_4 の分子軌道ができる

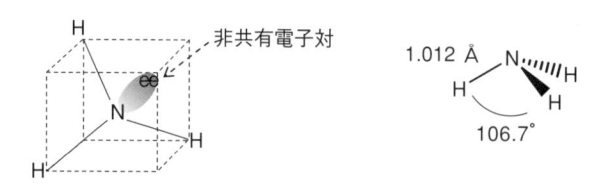

図 5.5 N の sp³ 混成軌道と H の 1s 軌道で NH₃ の
分子軌道ができる

る．5個の価電子のために五つの軌道からなる混成軌道ができればよいが，一つの 2s 軌道と三つの 2p 軌道からは，C と同じように四つの sp³ 混成軌道をつくるしかない．ただし，C よりも価電子の数が 1 個増えているので，四つの混成軌道のうち，一つの混成軌道には 2 個の価電子がすでに対になっている．この混成軌道は，もはや H が近づいても H の 1s 軌道の価電子と対をつくることはできない．つまり，共有結合をつくることはできない（配位結合については第 6 章で説明する）．このような電子対を**非共有電子対**あるいは**孤立電子対**という．そうすると，残りの三つの sp³ 混成軌道が H の 1s 軌道と重なって分子軌道ができる．つまり，N は 3 個の H と共有結合をつくることができる（**図 5.5**）．結局，3 個の H は N を中心にして正四面体角の方向を向いているので，NH₃ は正三角錐形となる．ただし，結合角は正四面体角より少し狭くて約 106.7° である．その理由については 5.4 節で説明する．なお，N と H の結合距離は 1.012 Å である．

それでは，今度は中心の原子を酸素（O）にしてみよう．考え方は NH₃ と同様である．一つの 2s 軌道と三つの 2p 軌道で四つの等価な sp³ 混成軌道をつくる．ただし，O の価電子数はさらに 1 個増えるので，四つの sp³ 混成軌道のうち，二つの混成軌道にはそれぞれ 2 個の価電子が入る．つまり，非共有電子対となっている．残りの二つの混成軌道に 1 個ずつ価電子が入り，H の 1s 軌道と重なって分子軌道をつくり，O の 1 個の価電子と H の 1 個の価電子が結合性軌道に入れば共有結合となる．結果的に，H₂O は二等辺三角

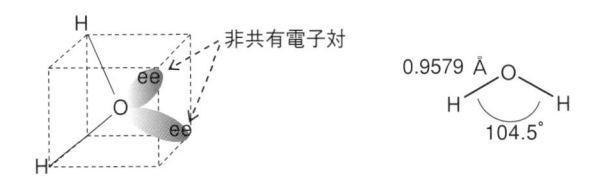

図 5.6 O の sp³ 混成軌道と H の 1s 軌道で H₂O の分子軌道ができる

形となる（図 5.6）．結合角はさらに狭くなって約 104.5° である．なお，O と H の結合距離は 0.9579 Å である．

● 5.4　VSEPR 理論による分子の形の予測

　同じ 2 個の H が結合した分子でも，BeH₂ は直線形であり，H₂O は二等辺三角形であり，分子の形が違う．また，同じ 3 個の H が結合した分子でも，BH₃ は正三角形であり，NH₃ は正三角錐形である．カナダのギレスピー等は中心原子の価電子に着目し，混成軌道の方向を知らなくても，その原子が何組の価電子の対をもっているかを調べれば，分子全体の形を予測できると考えた．価電子が結合電子対であっても非共有電子対であっても，電子対間の反発が最も小さくなるように分子全体の形が決まるという考え方である．これを **VSEPR 理論** という．valence-shell electron-pair repulsion の頭文字から名付けられている．valence-shell とは価電子の殻のこと，electron-pair とは電子対のこと，repulsion とは反発のことである．

　具体的に例を示そう．BeH₂ の中心の Be に着目すると，結合電子対が 2 組ある．2 組の電子対の反発が最も小さくなるためには，Be を中心にして電子対を反対側にする，つまり，分子の形は直線形になるという考え方である（図 5.7）．そうすると，BeCl₂ なども同じように直線形となる．

　それでは，BH₃ のように結合電子対が 3 組ある場合にはどうなるだろうか．すでに述べたように，電子対間の反発を最も小さくする方向は正三角形の頂

中心原子の電子対の数

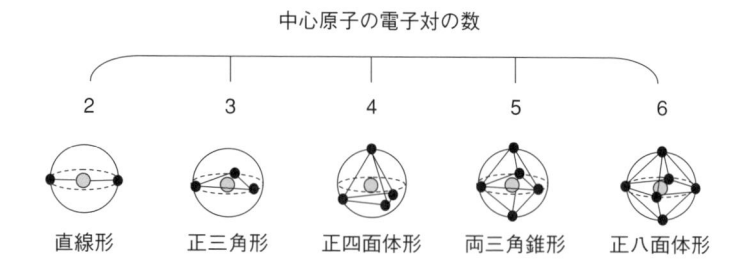

2	3	4	5	6
直線形	正三角形	正四面体形	両三角錐形	正八面体形

図 5.7 中心原子の電子対の数と分子の形

点の方向である．もしも，正三角形から少しでもずれると，結合角のどれかが 120° よりも小さくなり，電子対間の反発が大きくなってしまうからである．BCl_3 や $AlCl_3$ も分子の形は正三角形である．

CH_4，NH_3，H_2O の場合には，結合電子対と非共有電子対の合計が 4 組である．すべての電子対間の反発が最も小さくなるようにするためには，すべての電子対は正四面体の頂点の方向を向く．もしも，正四面体の方向から少しでもずれると，結合角のどれかが正四面体角（109.5°）よりも小さくなり，反発が大きくなってしまうからである．ただし，非共有電子対には原子が結合していないから，分子全体の形が正四面体形になるとは限らない．すでに述べたように，NH_3 は正三角錐形であり，H_2O は二等辺三角形となる．

非共有電子対を含む NH_3 や H_2O では，結合角は完全には正四面体角にならない．その理由は，結合電子対間の反発と非共有電子対間の反発の大きさが違うからである．なぜならば，結合電子対は結合した原子の原子核に引っ張られて中心の原子核から離れて存在するので，結合電子対間の反発は非共有電子対間の反発よりも小さくなるからである．そして，結合電子対と非共有電子対の間の反発はその中間である．そうすると，NH_3 では結合電子対間の反発を犠牲にしてでも，非共有電子対と結合電子対との反発を小さくしようとするから，結合角は正四面体角よりも少し小さくなる（**図 5.8 (a)**）．また，同様に，H_2O では結合電子対間の反発を犠牲にしてでも，非共有電子対

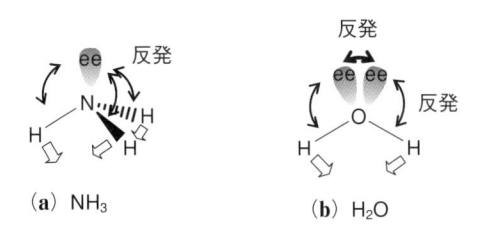

5.4　VSEPR 理論による分子の形の予測　　57

(a) NH₃

(b) H₂O

図 5.8　結合電子対は非共有電子対に押される

間の反発および非共有電子対と結合電子対との反発を小さくしようとするから，さらに結合角は小さくなる．

中心原子が第 3 周期の元素の場合には，3d 軌道を含めて混成軌道をつくるために（6.3 節参照），結合電子対と非共有電子対の合計が 5 組になることもある．この場合の電子対間の反発が最も小さくなる形は両三角錐形である（図 5.7）．たとえば，PF_5 を考えてみよう．中心の P の価電子は 5 個であり，すべてが F との共有結合に使われる．つまり，P には 5 組の結合電子対があるので，両三角錐形となる（**図 5.9 (a)**）．なお，水平面内の三つの F と垂直方向の二つの F では環境が違う（等価でない）ので，注意が必要である．どういうことかというと，たとえば，SF_4 を考えてみるとわかりやすい．この場合，S の価電子数は 6 個で 4 個の F と共有結合しているから，S の周りには 4 組の結合電子対と 1 組の非共有電子対があることになる．電子対の合計は 5 組であるから，基本形は PF_5 と同じ両三角錐形である．ここで問題にな

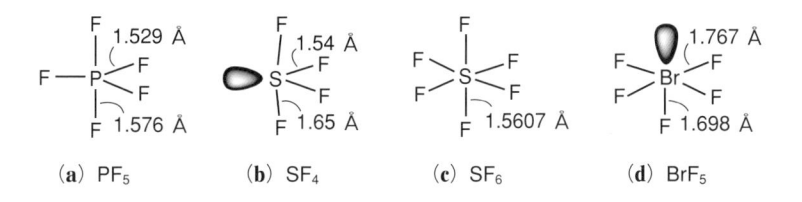

(a) PF_5　　(b) SF_4　　(c) SF_6　　(d) BrF_5

図 5.9　代表的なフッ化物の分子の形

るのが非共有電子対の位置である．非共有電子対は垂直軸方向だろうか，水平面内だろうか．答えは水平面内である（図 5.9(b)）．なぜならば，こうすれば垂直軸方向の結合電子対との反発は 2 個であるが，非共有電子対が垂直軸方向にあると，水平面内の結合電子対との反発は 3 個になってしまい，不安定になるからである（120°の電子間の反発は 90°の反発よりも小さいので無視する）．なお，垂直軸方向の 2 個の F は，非共有電子対との反発を小さくするように垂直軸から少し傾く．また，垂直軸方向の S−F 結合距離（1.65 Å）のほうが水平面内の S−F 結合距離（1.54 Å）よりも長い．水平面内にある非共有電子対との反発を避けるためである．同じように考えれば，PF_5 の垂直軸方向の P−F 結合距離（1.576 Å）のほうが，水平面内の P−F 結合距離（1.529 Å）よりも長くなる．垂直軸方向の P−F 結合は三つの水平面内の P−F 結合と反発し，水平面内の P−F 結合は二つの垂直軸方向の P−F 結合と反発するからである．

　6 組の電子対間の反発を最も小さくする形は，正八面体形の頂点の方向である（図 5.7）．たとえば，SF_6 では中心の S の価電子は 6 個であり，すべて F と共有結合する．したがって，SF_6 は正八面体形となる（図 5.9(c)）．また，ハロゲン元素間の化合物 BrF_5 は中心の Br の価電子数が 7 個であり，5 組の結合電子対と 1 組の非共有電子対になる．そうすると，BrF_5 の基本形は SF_6 と同じ正八面体であり，図 5.9(d) のようになる．正八面体の場合には六つの方向すべてが等価なので，非共有電子対の位置はどこでも同じである．ただし，水平面内の Br−F の結合距離（1.767 Å）は垂直軸方向の Br−F 結合距離（1.698 Å）よりも長くなる．SF_4 で説明したように，非共有電子対との反発を避けるためである．

● 5.5　特殊な共有結合

　BH_3 の 2s 軌道と二つの 2p 軌道（$2p_z$ と $2p_x$）は sp^2 混成軌道となり，残りの $2p_y$ 軌道は空軌道になると説明した（5.2 節）．しかし，これは分子が孤

立しているときの話である．もしも，もう一つのBH$_3$がそばにくると事情は変わる．近づいた分子の価電子が空軌道と相互作用すると，Bは四つのsp^{3}混成軌道をつくり，四つのHと結合できる形となる．このようにして，2分子が結合した化合物（これを**二量体**という）がジボラン（B$_2$H$_6$）である（**図5.10 (a)**）．BH$_3$は平面形であってもB$_2$H$_6$は平面形ではない．B$_2$H$_6$の図を見て不思議に思う人もいるかもしれない．BとBの橋渡しをしているHは価電子を1個しかもたないのに，まるで2個の共有結合があるかのように見える．つまり，2個の結合電子が2個のBと1個のHの合計3個の原子の共有結合を担っているように見える．このような結合を**三中心二電子結合**という[†1]．

三中心二電子結合はBeの化合物にも見られる．BeCl$_2$はBeH$_2$と同様に直線形である．しかし，2p$_x$軌道と2p$_y$軌道が空軌道になっているので，他のBeCl$_2$が近づくと，一つの空軌道と一つのsp軌道で新たにsp^{2}混成軌道をつくる．その結果，BeCl$_2$の二量体のBe$_2$Cl$_4$は**図5.10 (b)**に示したように，Clが三中心二電子結合をつくる．この場合には二量体になっても平面分子であるが，残っている空軌道を使って他のBeCl$_2$がさらに結合する．これは固体のBeCl$_2$の中で見られる化学結合である（**図5.10 (c)**）．固体の中では，BeCl$_2$はもはや平面分子ではない（結晶構造については第10章を参照）．

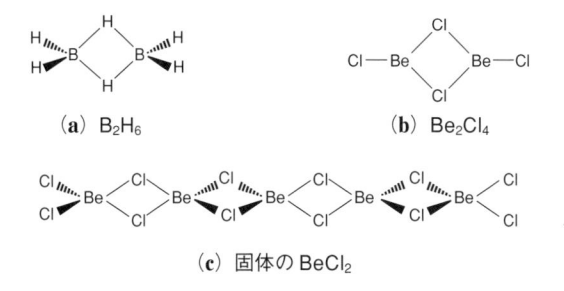

(a) B$_2$H$_6$ (b) Be$_2$Cl$_4$

(c) 固体のBeCl$_2$

図5.10 三中心二電子結合をもつ分子の例

[†1] 普通は，二つの原子間で電子対を共有する結合を共有結合というが，三つ以上の原子間でも，H$_2^+$のように共有する電子が1個でも，原子軌道と原子軌道が重なってできる分子軌道に基づく化学結合は，すべて共有結合であると考えた方が理解しやすい．

演習問題

5.1 sp混成軌道を行列の形で表せ.

5.2 sp^{2}混成軌道を行列の形で表せ.

5.3 問題5.2の規格化定数の行列が直交行列であることを確かめよ.

5.4 図5.4を参考にして，正四面体角を幾何学的に正確に求めよ.

5.5 次の三原子分子の形を予測せよ．(a) O_3, (b) CO_2, (c) HCN, (d) SO_2

5.6 次の四原子分子の形を予測せよ．(a) Cl_2CO, (b) Cl_2SO, (c) ClF_3

5.7 次の分子の形を予測せよ．(a) SiF_4, (b) F_3PO, (c) F_4SO, (d) F_2SO_2

5.8 問題5.5〜5.7の分子で，電気双極子モーメントをもたない分子はどれか.

5.9 BrF_5の結合角は90°よりも大きいか，小さいか.

5.10 $AlCl_3$は不安定なので二量体をつくる．どのような形か.

● コラム

アンモニアはピラミッド形？

学生のころ，「アンモニア分子はどのような形になっていますか」と質問され，「ピラミッド形」と答えたことを覚えている．しかし，大学で化学を教えるようになって，よくよく考えてみると奇妙な気がしてきた．エジプトにある有名なピラミッドの底面は四角形である．つまり，四角錐である．一方，アンモニアの底面は3個の水素原子からできていて三角形である．どこから眺めてもエジプトのピラミッドとは似ていない．そこで，英語の辞書を開いてピラミッド形 (pyramidal) を調べてみると，エジプトの「ピラミッドの」以外に，「角錐の」という意味があることがわかった．確かにエジプトのピラミッド（四角錐）もアンモニア（三角錐）も，角錐であるから pyramidal である．

誤解を招きそうな言葉は身近にもたくさんある．トルコ石 (turquoise) は名前からしてトルコ原産の石かと思ったら，そうではないらしい．また，七面鳥 (turkey) もトルコでは飼われていなかったらしい．ヨーロッパから見て東方のものは，すべてトルコ方面という意味で名前が付けられたと言われている．同じような話は日本でもある．品川駅は，当然，品川区にあると思っていたら，なんと港区にあった．どこから見れば品川方面に見えるのだろうか….

第6章
配位結合と金属錯体

　これまでは結合しないと説明してきた非共有電子対が，空軌道をもつイオンや分子などと結合をつくることがある．これを配位結合という．配位結合は d 軌道に電子をもつ第 4 周期以降の元素によく見られる結合である．とくに，アンモニアなどの非共有電子対が，金属元素あるいはそのイオンの空軌道との間で配位結合をつくるときに金属錯体という．この章では，金属錯体の形と性質がどのように変化するかを，系統的に探ることにする．

6.1　非共有電子対が結合する

　第 3 章と第 4 章では，二原子分子の共有結合について説明した．また，第 5 章では多原子分子の共有結合について説明した．共有結合とは，2 個の原子が近づくときに原子軌道が重なって分子軌道ができ，電子が結合性軌道に入ることによってできる化学結合のことである．普通はそれぞれの原子が 1 個ずつ価電子を出し合って，出し合った 2 個の価電子を両方の原子が共有するので共有結合という．ところが，一方の原子だけが 2 個の価電子を出して，もう一方の原子は価電子を出さないが，その出された 2 個の価電子を両方の原子が共有する化学結合もある．これを配位結合という．

　具体的に例を示そう．5.3 節で NH_3 の共有結合を説明した．中心の N には 2s 軌道と三つの 2p 軌道に合計 5 個の価電子があり，H が近づくと，一つの 2s 軌道と三つの 2p 軌道からなる四つの sp^3 混成軌道をつくった（図 6.1）．そして，三つの sp^3 混成軌道には価電子が 1 個ずつ入り，残りの一つには 2 個の価電子が入る．前者は近づいてくる H と共有結合をつくるので結合電子であり，後者はすでに電子対をつくっていて，もはや H が近づいて

(a) 原子軌道 / **(b) 混成軌道**

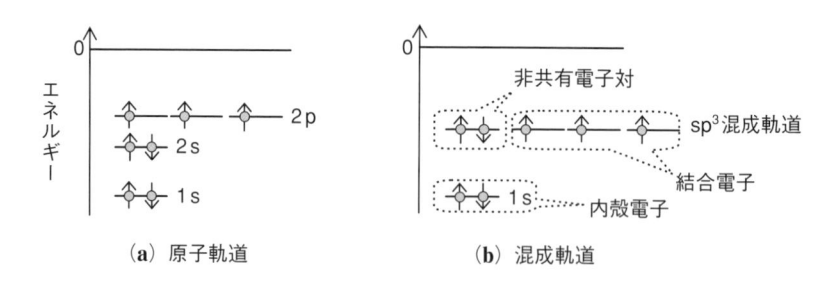

図 6.1 NH$_3$ 分子の N 原子の原子軌道の変化

も結合をつくらないので非共有電子対である．ところが，結合をつくらないと説明したこの非共有電子対が化学結合をつくることがある．

どういうことかというと，たとえば，NH$_3$ に HCl を近づけてみよう（図6.2）．HCl の H の価電子は 1 個であり，この価電子はすでに Cl との共有結合に使われている．結合電子はどのあたりに存在する確率が大きいかというと，2.5 節で述べたように，Cl のほうが H よりも電気陰性度が大きいから，Cl の近くであると考えられる．そうすると，HCl は正の電荷をもつ H$^+$ と負の電荷をもつ Cl$^-$ が電気的に結合しているようなものである（イオン結合については第 10 章を参照）．つまり，H$^+$ の原子軌道は空軌道（5.2 節参照）である．空軌道をもつ原子と非共有電子対をもつ原子が近づくと，空軌道（H の場合には 1s 軌道）と非共有電子対の軌道（NH$_3$ の場合には sp^3 混成軌道）が重なって，結合性軌道と反結合性軌道ができる．そして，非共有電子対が

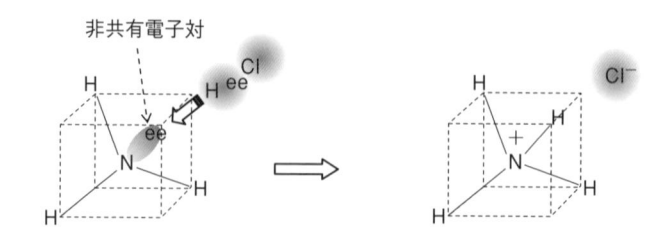

図 6.2 NH$_3$ に HCl を近づけると化学結合ができる

エネルギーの安定な結合性軌道に入れば化学結合ができる．これが**配位結合**である．

配位結合は一方の原子だけが化学結合のために価電子を供給するので，共有結合とは違うと思うかもしれない．しかし，軌道と軌道が重なって分子軌道をつくるという意味では，共有結合と差があるわけではない．実際に HCl が NH_3 に近づくと，NH_3 と H^+ が配位結合してできる NH_4^+ と Cl^- とが，イオン結合することになる．このときに，NH_4^+ の四つの N−H 結合はすべて等価であり，どの結合が共有結合で，どの結合が配位結合か，区別することはできない．NH_4^+ の形はメタン分子（CH_4）と同じ正四面体形である．結合する前の電子が非共有電子対であることを，「あえて強く意識する」ときには，その共有結合を配位結合と呼ぶこともある．しかし，配位結合も，あるいは 5.5 節で述べた三中心二電子結合も，軌道と軌道が重なってできる分子軌道に基づいた結合はすべて共有結合であると考えた方が，化学結合の本質を理解しやすい．

◎ 6.2 金属錯体と配位子

空軌道をもつのは H^+ だけではない．すべての元素は量子数の大きな原子軌道に電子はなく，空軌道をもつと考えることができる．ここでは**第一遷移金属元素**（Sc〜Zn）の空軌道に着目してみよう[†1]．第一遷移金属元素あるいはその陽イオンは空軌道を提供して，非共有電子対をもつイオンや分子などと配位結合する．金属元素の配位化合物をとくに**金属錯体**という．

まず，第一遷移金属元素の電子配置を調べてみよう．**図 6.3** の ④ は図 2.3 で説明したように，第 4 周期であることを表す．これまでは s 軌道と p 軌道

[†1] d 軌道の電子が 0 個の元素（第 1 族元素と第 2 族元素）または 10 個の元素（第 13 族元素〜第 18 族元素）を**典型元素**，それ以外を**遷移元素**という．Zn のような第 12 族元素は，d 軌道の電子が 10 個なので典型元素であるが，単体が金属であり，遷移元素として説明されることが多い．

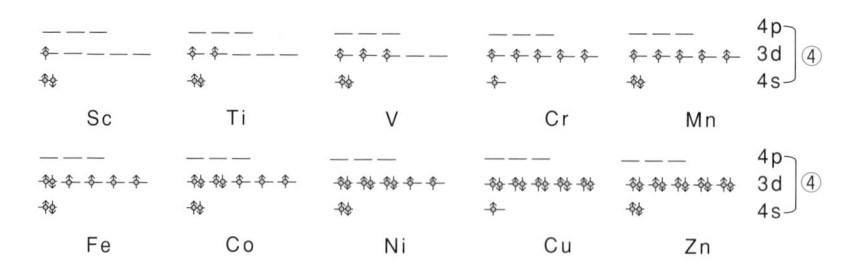

図6.3 第一遷移金属元素の価電子の配置

の価電子を中心に化学結合を説明してきたが，第一遷移金属元素では3d軌道の電子も考慮しなければならない．すでに2.3節で説明したように，d軌道はd_{xy}, d_{yz}, d_{zx}, d_{z^2}, $d_{x^2-y^2}$の五つの軌道が縮重している．そして，10種類の第一遷移金属元素は原子番号が一つずつ増えるにしたがって，d軌道の電子の数が一つずつ増えるだけなので，お互いに化学的性質がとてもよく似ている．なお，Crでは，すべての3d軌道に1個ずつの電子があるほうが空間的な対称性がよく（電子分布が球対称になり），エネルギーも安定化するので，4s軌道の1個の電子が3d軌道に入る．Cuの電子配置も同様である．また，第一遷移金属元素が電子を放出して陽イオンになるときには，3d軌道の電子ではなく，4s軌道の電子から先に放出することがわかっている[†1]．図6.3の電子配置はあくまでも孤立した中性の原子の状態を表している．

一方，第一遷移金属が錯体をつくる相手としては，非共有電子対をもつほとんどのイオンや分子が候補となる．これらを**配位子**と呼ぶ．たとえば，6.1節で述べたNH_3も配位子の例である．COやH_2Oなども非共有電子対をもつので配位子となる．それぞれを**アンミン錯体**，**カルボニル錯体**，**アクア錯体**という．イオンの例としては，F^-やCl^-などのハロゲン化物イオン，

[†1] 2.4節で説明したように，4s軌道のほうが3d軌道よりもエネルギーが高いという量子化学計算の結果もあり，原子かイオンかによって，エネルギーの順番が逆転する可能性は十分にある．

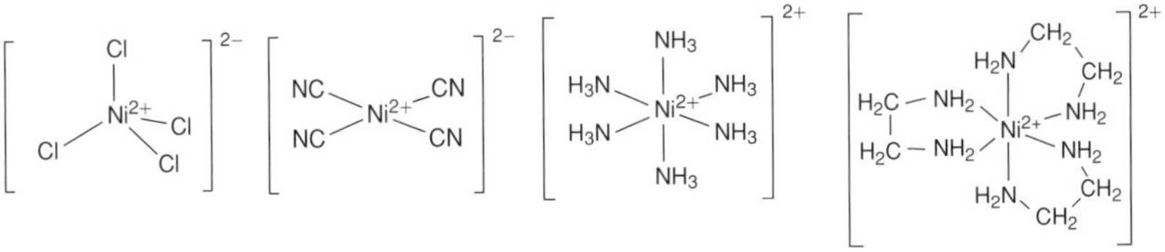

6.2 金属錯体と配位子

(a) $[NiCl_4]^{2-}$　**(b)** $[Ni(CN)_4]^{2-}$　**(c)** $[Ni(NH_3)_6]^{2+}$　**(d)** $[Ni(en)_3]^{2+}$

図 6.4　代表的なニッケル錯体

シアン化物イオン（CN^-），チオシアン酸イオン（NCS^-）などがある．チオシアン酸イオンは末端の N にも S にも非共有電子対があるので，どちらでも配位することができる．分子が少し大きくなると，2 か所で配位することもある．そのような例がエチレンジアミン（$NH_2CH_2CH_2NH_2$）である．両端にアミノ基があり，アミノ基には NH_3 と同じように非共有電子対があるので，両端で金属元素や金属元素イオンに配位することができる．Ni の代表的な錯体の例を**図 6.4**に示す．

中心の Ni は基本的には 2 価の陽イオン（Ni^{2+}）である．$[NiCl_4]^{2-}$ および $[Ni(CN)_4]^{2-}$ では，配位子の Cl^- および CN^- が 1 価の陰イオンなので，全体として 2 価の陰イオンとなる．どうして正四面体形になったり正方形になったりするかについては，次節で詳しく述べる．一方，$[Ni(NH_3)_6]^{2+}$ では NH_3 が電荷をもっていないので，イオン全体としては中心の Ni^{2+} と同じ 2 価の陽イオンである．等価な 6 個の NH_3 が結合しているので，その形は正八面体形となる（5.4 節参照）．エチレンジアミン（en と記述する）が配位子となった $[Ni(en)_3]^{2+}$ も基本的には正八面体形である．ただし，エチレンジアミンは両端で Ni と結合するので，合計 3 個のエチレンジアミンが結合することになる．$[Ni(NH_3)_6]^{2+}$ の配位子の NH_3 が $-CH_2-CH_2-$ を挟んで 2 個ずつ結合したと思えばよい．もちろん，全体の電荷は $[Ni(NH_3)_6]^{2+}$ と同じ 2 価の陽イオンである．

6.3　4配位の金属錯体の形

それでは，図6.4(a)の[$NiCl_4$]$^{2-}$がどうして正四面体形になるかを原子軌道で解釈してみよう．中心のNiは2価の陽イオン（Ni^{2+}）になっているから，図6.3の電子配置よりも電子が2個少なくなっている．すでに6.2節で述べたように，第一遷移金属元素が陽イオンになるときには，4s軌道の電子から先に放出されるので，Ni^{2+}の3d電子の数と配置はもとのNiと変わらない（**図6.5(a)**）[†1]．この電子配置のままで4個のCl$^-$イオンの非共有電子対と配位結合するためには，四つの空いている原子軌道，すなわち，一つの4s軌道と三つの4p軌道から四つの混成軌道をつくる必要がある．この四つの空の原子軌道からできる軌道は，5.3節で説明したsp^{3}混成軌道である．そして，これらの四つの等価なsp^{3}混成軌道が，配位子（Cl$^-$）の非共有電子対の入っている軌道と重なって結合性軌道と反結合性軌道をつくり，配位子の非共有電子対が結合性軌道に入れば，Ni^{2+}とCl$^-$との間で配位結合ができる．考え方は第3章～第5章で説明した共有結合と同じである．結果的に，[$NiCl_4$]$^{2-}$の配位子であるCl$^-$イオンの配置の形は，CH_4のHと同じように

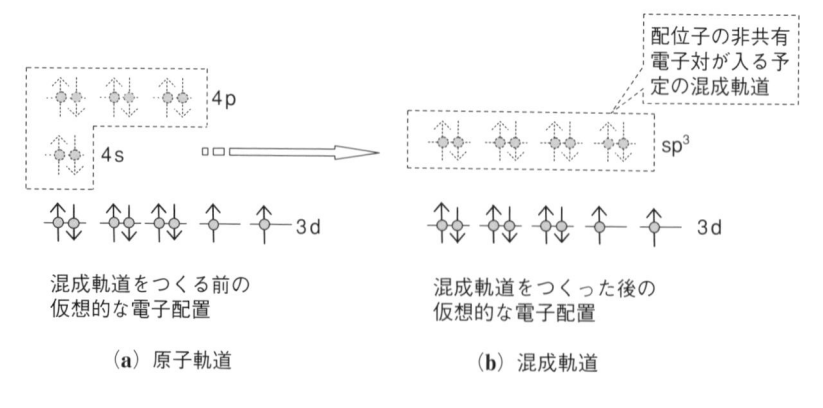

(a) 原子軌道　　　　　(b) 混成軌道

図6.5　Ni^{2+}がCl$^-$のためにつくるsp^{3}混成軌道

[†1]　図6.3で示した中性の原子の電子配置と異なり，イオンの電子配置では4s軌道のエネルギー準位を3d軌道よりも高い位置に書いた．

正四面体形になる（図6.4(a)）．なお，**図6.5**ではわかりやすく説明するために，Cl^-イオンの非共有電子対が入る予定のsp^3混成軌道と非共有電子対を点線で示した．

実は，2.4節で説明したフントの規則に従わない電子配置をとる金属錯体もある．その例の一つが$[Ni(CN)_4]^{2-}$である．この錯体のNi^{2+}の電子配置を**図6.6(a)**に示す．本来ならば$[NiCl_4]^{2-}$で説明したように，フントの規則に従って，できるだけ電子スピンの向きをそろえて別の軌道に入ろうとするから，すべてのd軌道に1個または2個の電子があるはずである．しかし，$[Ni(CN)_4]^{2-}$では8個の電子が2個ずつ対をつくり，一つの3d軌道が空軌道になっている．そこで，4個の配位子の(CN^-)と結合するために，空になっている一つの3d軌道と一つの4s軌道と二つの4p軌道で四つの混成軌道をつくる．これをdsp^2混成軌道という．

たとえば，3d軌道として$3d_{x^2-y^2}$軌道を選び，4p軌道として$4p_x$軌道と$4p_y$軌道を選んで混成軌道をつくるとすると，**図6.7**のようになる（ここでは図2.2とは異なり，xy平面を水平面として描いている）．すなわち，x軸の正と負の2方向と，y軸の正と負の2方向に広がった四つの混成軌道ができる．残りの4s軌道は球対称なので，混成軌道に参加しても方向には関係

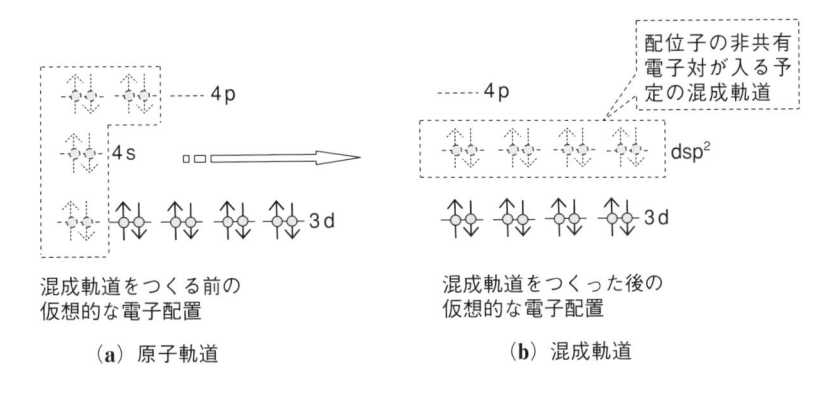

(a) 原子軌道　　　　　　(b) 混成軌道

図6.6　Ni^{2+}がCN^-のためにつくるdsp^2混成軌道

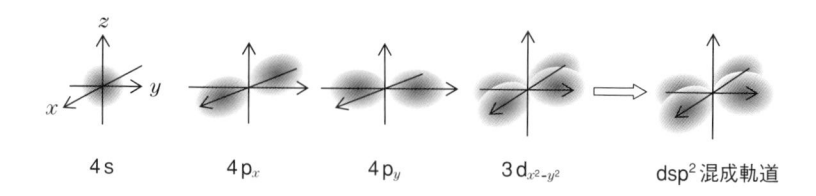

図 6.7 dsp^2 混成軌道は正方形の頂点の方向に広がる
(4s, 4p 軌道の代わりに, 1s, 2p 軌道の図で説明する)

しない．結局，dsp^2 混成軌道は四つの等価な軌道が一つの平面内で広がる．したがって，$[Ni(CN)_4]^{2-}$ の配位子である CN^- イオンの配置の形は，すでに述べたように正方形になる（図 6.4 (b)）．

6.4 金属錯体の磁気双極子モーメント

$[NiCl_4]^{2-}$ と $[Ni(CN)_4]^{2-}$ の例で示したように，中心の金属イオンが同じであっても，配位子を受け入れるための混成軌道は，配位子の種類によって大きく変わる．その結果，配位子の配置は正方形になったり正四面体形になったりする．形が変わること以外にも，フントの規則に従う $[NiCl_4]^{2-}$ と，フントの規則に従わない $[Ni(CN)_4]^{2-}$ では，大きく異なる性質がある．それは金属錯体が磁気的な性質，すなわち，磁気双極子モーメントをもっているかいないかである．

2.4 節で説明したように，電子スピンは磁石のようなものである．したがって，同じスピンの向きの電子がたくさんあれば，磁気双極子モーメントは大きくなる（4.5 節参照）．たとえば，$[NiCl_4]^{2-}$ は 3d 軌道の 8 個のうち，2 個の電子が対をつくらないので磁気双極子モーメントがある（図 6.5 参照）．つまり，外部からかけた磁場と相互作用する．このような性質を常磁性といった（2.4 節参照）．一方，すべての電子がスピンの向きを逆にして対をつくると，磁気双極子モーメントはキャンセルされてなくなる．たとえば，$[Ni(CN)_4]^{2-}$ は 3d 軌道の 8 個のすべての電子が対をつくっているので，磁

気双極子モーメントがない（図6.6参照）．つまり，外部から磁場をかけても相互作用しないので，反磁性である．$[NiCl_4]^{2-}$ の Ni^{2+} の電子配置を**高スピン状態**，$[Ni(CN)_4]^{2-}$ の Ni^{2+} の電子配置を**低スピン状態**という[†1]．

今度は 6 個の NH_3 が配位した $[Ni(NH_3)_6]^{2+}$ の混成軌道を考えてみよう．この錯体は $[NiCl_4]^{2-}$ と同じように，磁気双極子モーメントをもっていることがわかっている．つまり，高スピン状態であり，Ni^{2+} の 8 個の 3d 電子は $[NiCl_4]^{2-}$ と同じように，五つの縮重したすべての 3d 軌道に 1 個または 2 個の電子があると考えられる（**図 6.8 (a)**）．この場合には，6 個の配位子の NH_3 の非共有電子対が入るための空軌道は，一つの 4s 軌道と三つの 4p 軌道では足らない．そこで，さらにエネルギーの高い二つの 4d 軌道も含めて，合計六つの原子軌道が参加して混成軌道をつくる．

一つの 4s 軌道と，三つの 4p 軌道と，二つの 4d 軌道（たとえば，$4d_{z^2}$ と $4d_{x^2-y^2}$）の合計六つの軌道からできる混成軌道のことを sp^3d^2 混成軌道とい

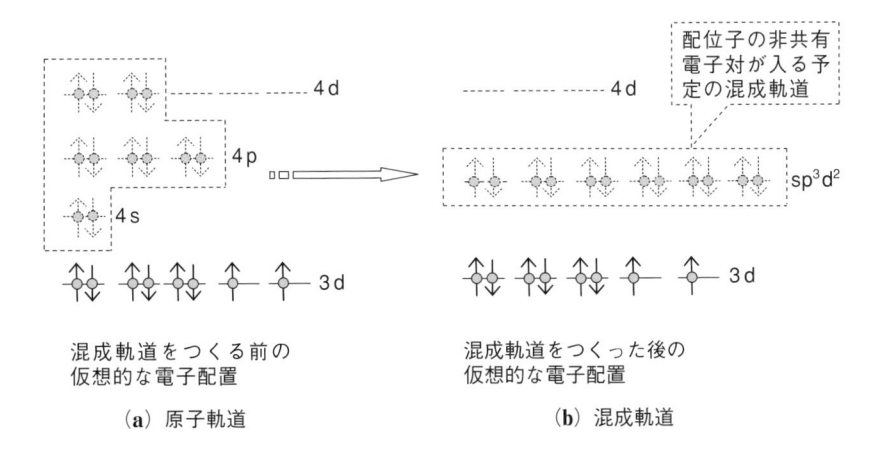

（**a**）原子軌道　　　　　　　　　　　（**b**）混成軌道

図 6.8 Ni^{2+} が NH_3 のためにつくる sp^3d^2 混成軌道

[†1] 中心の金属原子や金属イオンのエネルギーに，配位子がどのような影響を及ぼすかを説明するために，配位子などの波動関数を考えるのではなく，配位子を静電場として扱う**結晶場理論**もある．これについては p.169 の参考書を参照．

う．sp^3d^2 混成軌道が dsp^2 混成軌道と大きく異なることは，p 軌道も d 軌道も一つの平面内にあるのではなく，六つの等価な混成軌道が三次元空間で広がっていて，正八面体の各頂点（あるいは立方体の各面の中心）の方向を向いていることである．このことは5.4節で説明した VSEPR 理論からも予想がつく．そして，それぞれの混成軌道が6個の配位子（NH_3）の軌道との間で結合性軌道と反結合性軌道をつくり，配位子の非共有電子対が結合性軌道に入ると配位結合ができる．6個の配位子の配置は図 6.4 (c) に示したように正八面体形となる．

6.5　2種類の配位子をもつ6配位錯体の形

　これまでは，1種類の配位子だけが結合した金属錯体を考えてきた．しかし，すべての配位子の種類が同じである必要性はどこにもない．たとえば，正八面体形をとる金属錯体で，6個の配位子のうちの1個が別の種類の配位子になっても構わない．この場合には，6個の配位子のどれを置換しても同じ形になる．なぜならば，6個の配位子はまったく等価に配置されているからである．しかし，6個の配位子のうちの2個が，別の種類の配位子で置換されるときには注意が必要である．なぜならば，どこの配位子が置換されるかによって，分子全体の形が異なるからである．

　どういうことかというと，中心の金属イオンに対して，向かい合う二つの配位子が置換される形と，隣り合う二つの配位子が置換される形の2種類がある．たとえば，Co に4個の NH_3 と2個の CN^- が結合する錯体を考えてみ

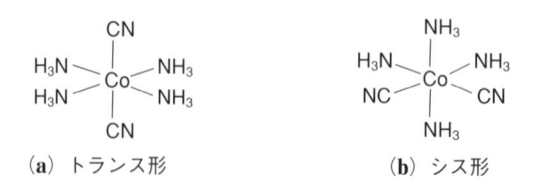

(a) トランス形　　　　(b) シス形

図 6.9　$Co(CN)_2(NH_3)_4$ の二つの幾何異性体

よう．中心原子の Co は 2 価の陽イオン（Co^{2+}）なので，この錯体の電荷は 0 である．図 6.9 (a) に示すように，CN^- が向かい合っている形を**トランス (*trans*) 形**という．trans はラテン語の接頭語で，「貫いて」とか「～のかなたに」という意味がある．トランス形は対称性がよく，電気双極子モーメントをもっていない．一方，CN^- が隣り合っている形を**シス (*cis*) 形**という（図 6.9 (b)）．cis もラテン語の接頭語であり，「手前に」とか「～のこちらに」という意味がある．一般に化学式が同じで（元素の種類と数が同じで），分子の形の異なるものを**異性体**という．とくに，トランス形とシス形のように，化学結合も同じで，しかし，原子などの空間的な配置が異なるものを**幾何異性体**という．詳しくは 8.5 節で説明する．

今度は 6 個の NH_3 のうち 3 個を CN^- で置き換えてみよう．中心の Co は 3 価の陽イオン（Co^{3+}）である．そうすると，やはり 2 種類の幾何異性体を考えることができる．図 6.10 (a) に示すように，3 個の CN^- が Co^{3+} を含む一つの面の中に含まれていれば，**メール (*mer*) 形**という．mer は「子午線」を表す meridian に由来する．また，図 6.10 (b) のように，3 個の CN^- が正八面体の一つの面に含まれていれば，つまり，正三角形をつくっていれば**ファク (*fac*) 形**という．fac は「面」を表す face に由来する．6 配位の正八面体形の金属錯体のすべての配位子の種類が異なる場合に，何種類の幾何異性体が考えられるだろうか．答えは 15 種類となる．一度，自分で確かめてみるとよい．

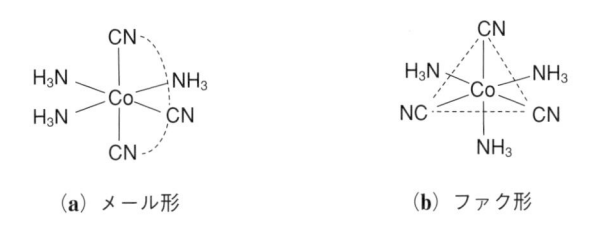

(a) メール形　　　　(b) ファク形

図 6.10　$Co(CN)_3(NH_3)_3$ の二つの幾何異性体

演習問題

6.1 H_2 分子は共有結合である．これを配位結合として解釈せよ．

6.2 NH_3 と BH_3 は配位結合する．分子の形と混成軌道を求めよ．

6.3 $[Cr(CN)_6]^{4-}$ のクロムイオンの 3d 電子の数を求めよ．

6.4 $[Co(NH_3)_6]^{2+}$ のコバルトイオンの 3d 電子の数を求めよ．

6.5 $Cu(CN)_2$ は直線分子である．銅イオンの電子配置と混成軌道を求めよ．

6.6 $[Cu(CN)_4]^{3-}$ の銅イオンの電荷はいくつか．

6.7 $[Cu(CN)_4]^{3-}$ の銅イオンの電子配置と混成軌道と形を求めよ．また，この錯体には電気双極子モーメントがあるか．

6.8 $[Fe(CN)_6]^{4-}$ は反磁性である．鉄イオンの 3d 軌道の電子配置を書け．

6.9 $[Fe(CN)_6]^{3-}$ は常磁性であるが，$[FeF_6]^{3-}$ に比べると磁気双極子モーメントが小さい．それぞれの鉄イオンの 3d 軌道の電子配置を書け．

6.10 $[CoCl_2(en)_2]^+$ の 2 種類の形を書いて，名前をつけよ．

◉ コラム ◉

化学は変化を調べる学問

数学は数に関する学問であり，物理学は物の理（モノのコトワリ）に関する学問であり，生物学は生物に関する学問である．それでは化学は何の学問かというと，もちろん，化けものに関する学問ではない．化学の「化」は変化の「化」を意味する．物質と物質を混ぜたり，試験管に入れて加熱したり，光を当てたりすると，物質の色が変化したり，状態が変化したりする．とくにこの章で述べた金属錯体は，中心金属が同じでも，配位子の種類を変えると様々なあざやかな色に変化する．

変化するのは金属錯体だけではない．人間も変化するのだから化学の対象になるかもしれない．結婚前には美しき乙女が結婚後に豹変することもある．目の「錯覚」ではないかと，とても驚いたりする．あるいはスマートだった体形が…．これこそまさに「錯体」というべきかもしれない．

ここで，第一遷移金属元素を含むケミカル川柳を 3 句．

「Cu しよう　Sn に会いたい　でも Zn」　（遠距離恋愛の二人）

「Fe だって　H うのふたが　お Ti だ」　（あわてた金魚）

「(Cu)$_2$ と　田舎 Pb で　S かな」　（地方出身者）

第7章
有機化合物の単結合と異性体

有機化合物は植物や動物などの生命体を構成する炭素化合物である．炭素の原子軌道は基本的には sp^3 混成軌道となり，正四面体方向にいくつもの炭素が結合して，様々な長さの，そして，様々な形の有機化合物ができる．また，わずかな熱エネルギーによって C–C 単結合軸周りの回転が起こり，分子の形に柔軟性が生まれる．この章では，基本的な有機化合物の化学結合と立体異性体や構造異性体などの違いを，系統的に探ることにする．

7.1 炭素と炭素の結合

メタン（CH_4）を除いて，これまでは無機化合物の化学結合の説明をしてきた．この章では，有機化合物の単結合（σ 結合）に関するいろいろな分子の形（異性体）について詳しく説明する．有機化合物とは何かといえば，炭素を含む化合物，すなわち炭素化合物の総称である．ただし，一酸化炭素，二酸化炭素，炭酸塩，シアン化物などは，炭素を含んでいても有機化合物ではなく，無機化合物に分類されることになっている．

数多くある元素の中で，どうして炭素だけが特別なのだろうか．それは炭素のつくる化学結合に理由がある．すでに 5.3 節で説明したように，炭素は sp^3 混成軌道をつくり，4 個の水素と共有結合して CH_4 ができる．それでは CH_4 の 1 個の水素を炭素で置換するとどうなるかといえば，その置換された炭素の軌道も同じように sp^3 混成軌道になり，3 個の水素と結合することができる．このようにして次々と炭素をつなげていくと，両端に 2 個の**メチル基**（CH_3-）をもち，いろいろな数の**メチレン基**（$-CH_2-$）が結合した，いろいろな長さの**炭化水素**（炭素と水素からなる化合物）ができる（図 7.1）．

(a) 炭化水素

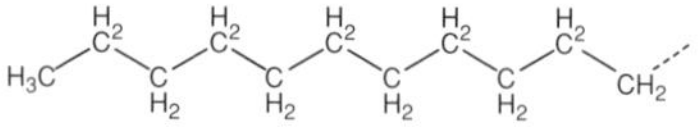

(b) 窒化水素

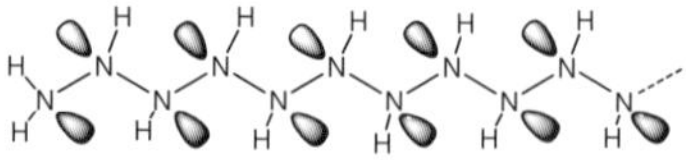

(c) 酸化水素

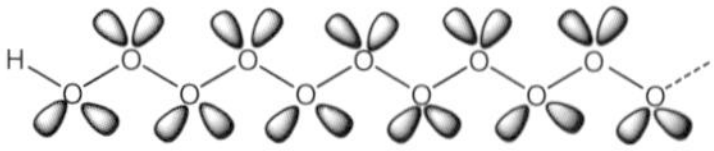

図 7.1 sp^3 混成軌道で次々と結合する化合物

　炭素以外の元素でも sp^3 混成軌道をつくるのだから，炭化水素と同じようにいろいろな長さの化合物ができると思うかもしれない．しかし，炭素とそれ以外の元素では大きな違いがある．それは非共有電子対（孤立電子対）の存在である．たとえば，炭素の代わりに窒素を考えてみよう．すでに 5.3 節で述べたように，窒素も炭素と同じように sp^3 混成軌道をつくり，3 個の水素が共有結合すると NH_3 ができる．そして，もちろん，CH_4 と同じように，1 個の水素を窒素に置換して次々とつなげていけば，いろいろな長さの**窒化水素**を考えることはできる（**図 7.1 (b)**）．しかし，NH_3 で説明したように，窒素は非共有電子対をもっているので，分子の長さが長くなればなるほど，窒化水素はたくさんの非共有電子対をもつことになる．非共有電子対は，第 6 章の錯体でも説明したように，配位結合などの新たな化学結合をつくる．つまり，反応性が高く，そして，反応すれば別の化合物になってしまう（CH_4 は非共有電子対をもたないので，錯体をつくらずに安定である）．窒素が酸素になると，ますます非共有電子対が増え，**酸化水素**は分子全体が反応性の高い非共有電子対で覆われているようなものである（**図 7.1 (c)**）．このような sp^3 混成軌道で結合した化合物として知られている分子は，窒素でも酸素でも，せいぜい 2 個の原子が化学結合したものだけである．窒素の場合にはヒドラジン（H_2N-NH_2），酸素の場合には過酸化水素（$HO-OH$）という．

ともに反応性が高く，ロケットの燃料として利用されたこともある．

それに比べると，炭化水素はとても安定である．非共有電子対がないからである．炭化水素はいろいろな長さの化合物をつくることができるし，残っている水素をメチル基やメチレン基で次々と置換すれば，さらに枝分かれした多様な炭素化合物をつくることもできる．この多様性をもつ炭化水素が動物や植物などの生命体の基本となる[†1]．

7.2 エタンの重なり配座とねじれ配座

生命活動を維持するために，炭化水素には「多様性」の他にもう一つの重要な特徴がある．それは立体的な形を自由に変えるという「柔軟性」である．図 7.1 では炭化水素を直線的に並べて書いたが，実をいうと，立体的に丸まったりすることもある．その原因を理解するために，まず C–C 単結合を含む最も簡単なエタン分子 (CH_3–CH_3) を使って詳しく説明しよう．

CH_4 の 1 個の水素をメチル基で置換するとエタンができる (図 7.2 (a))．結合角は 5.3 節で説明したように，ほぼ正四面体角 (109.5°) である．どうして"ほぼ"と書いたかというと，どちらの炭素の周りにも，3 個の水素と 1 個のメチル基があって等価ではないので，CH_4 のように完全な正四面体にはならないからである．ただし，正四面体角からのずれはわずかであり，ここでの説明では本質的な問題ではないので，気にしないことにする．

エタンを C–C 結合軸の方向から眺めてみると，どうなるだろうか (図 7.2)．手前の炭素の周りに 120°の角度で 3 個の水素が配置されていることがわかる．3 個の水素を C–C 結合軸に垂直な平面に投影したようなものだから，その位置は正三角形となる．奥の炭素はどのようになっているだろうか．C–C 結合軸の方向から見ると，手前の炭素と重なっていてわかりづらいので，手前の炭素の周りに円を描いて奥の炭素を表すことにする．そうす

[†1] 最近，Si–Si 結合をもつケイ素の水素化物 (**ポリシラン**) が注目されているが，炭化水素ほど多様性はない．

(a) 立体図　　(b) 重なり配座　　(c) ねじれ配座

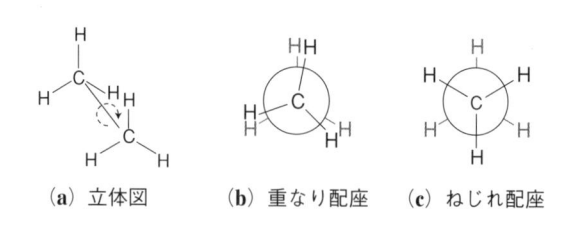

図 7.2　エタンには二つの配座が考えられる

ると，手前の炭素と同様に 3 個の水素が結合しているから，その 3 個の水素を円の周りに 120°の角度で描くことにする（**図 7.2 (b)** と **(c)**）．このような図を**ニューマン投影図**という．手前の炭素に結合した 3 個の水素と，奥の炭素に結合した 3 個の水素の位置関係は好きなように書いて構わないが，とりあえず，同じ位置に重なっている形（図では完全に重ねて書くとわかりにくいので，少しずらしてある）と，お互いに 2 個の水素の間に入っている形を書くことにする．前者を**重なり配座**，そして，後者を**ねじれ配座**という．

重なり配座からねじれ配座になるためには，奥のメチル基を固定しておいて，手前のメチル基を C–C 結合軸周りに 60°回転させればよい．このような回転を**分子内回転**あるいは**内部回転**という．重なり配座とねじれ配座のどちらが不安定かというと，重なり配座である．どうしてかというと，重なり配座では手前の水素と奥の水素との反発などがあるからである．その様子をグラフで表したものが**図 7.3** である．縦軸にエネルギーをとり，横軸に手前のメチル基を回した角度，つまり，回転角がとってある．回転角 0°が重なり配座であり，60°がねじれ配座である．そして，120°がふたたび重なり配座，180°がねじれ配座である．さらに，240°が重なり配座，300°がねじれ配座で，360°でもとの 0°の重なり配座にもどる．

3.1 節の 図 3.2 で，原子核間距離に対する分子のエネルギーの変化を示したが，図 7.3 も本質的には同じように解釈することができる．横軸に原子核間距離の代わりに回転角をとっただけである．そうすると，エタンは最もエ

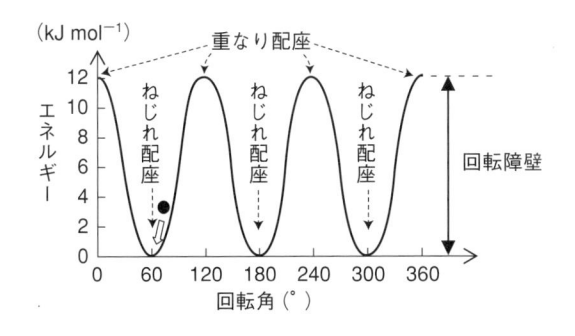

図7.3 エタンのエネルギーは回転角によって異なる

ネルギーの低い状態になろうとするから，ねじれ配座になる．もしも，重なり配座になったとしても，そこは山の頂上であるから，すぐに右か左にころがって，ねじれ配座になってしまう．普通，我々がエタンと呼んでいる分子の形はねじれ配座である．ただし，常にねじれ配座になっているわけではない．山の高さ（ねじれ配座と重なり配座のエネルギー差を**回転障壁**という）はとても低く，ちょっとした熱エネルギーで山を越えたりする（ねじれ配座から隣のねじれ配座になったりする）．エタンの水素は，室温ではC–C結合軸周りにくるくると回っていると考えてもよい．

7.3 ブタンの構造異性体と立体異性体

エタンの1個の水素をメチル基で置換すると，プロパン（$CH_3CH_2CH_3$）ができる．プロパンのニューマン投影図をエタンの図7.2と同じように書いてみるとわかるが，重なり配座とねじれ配座ができる．ただし，エタンでは考える必要のなかった水素とメチル基の反発も考えなければならない．おそらく，メチル基は空間的な広がりが大きく，エタンで考えた水素同士の反発よりも大きいので，重なり配座とねじれ配座のエネルギー差はエタンよりも大きいと予想される．

それでは，プロパンの1個の水素をさらにメチル基で置換するとどうなる

だろうか．この場合には，プロパンの一番端の炭素に結合している水素をメチル基で置換するか（$CH_3CH_2CH_2CH_3$），2番目の炭素に結合している水素をメチル基で置換するか（$CH_3CH(CH_3)CH_3$）によって異なる化合物ができる．前者をブタン，後者を 2-メチルプロパン（または慣用名としてイソブタン）という．このように，化学式が同じ（C_4H_{10}）で，化学結合の位置や種類が異なる化合物を**構造異性体**という．これに対して，化学結合は同じで原子の立体的な配置が異なる化合物を**立体異性体**という．立体異性体には 6.5 節で説明した幾何異性体や，以下に示すような配座異性体などがある．

ブタンについて，真ん中のC−C結合軸を選んでニューマン投影図を書いてみると図 7.4 のようになる．端から 2 番目の炭素にも，端から 3 番目の炭素にもメチル基が結合している．そうすると，同じ重なり配座でも 2 種類を考えなければならない．一つは水素同士およびメチル基同士が重なっている配座，もう一つは水素とメチル基が重なっている配座である．いずれも不安定であるが，分子の形もエネルギーも異なることは確かである．なぜならば，水素同士の反発，水素とメチル基の反発，メチル基同士の反発は異なるからである．すでに述べたように，メチル基は空間的に広がっているので，相互作用の大きさの順番を考えれば，

　　　　　水素 ⇔ 水素 ＜ 水素 ⇔ メチル基 ＜ メチル基 ⇔ メチル基

と仮定しても，それほどおかしくはない．そうすると，メチル基同士が重なっ

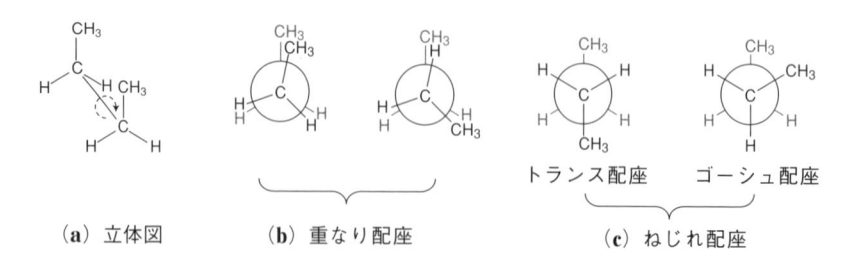

(a) 立体図　　(b) 重なり配座　　(c) ねじれ配座（トランス配座　ゴーシュ配座）

図 7.4　ブタンの重なり配座もねじれ配座も 2 種類がある

7.3 ブタンの構造異性体と立体異性体

た配座のエネルギーのほうが高いと予想される．

同様に，ねじれ配座も2種類を考えなければならない．一つはメチル基同士が反対の位置にある配座，もう一つはメチル基同士が近くにある配座である．前者は錯体で説明した名前と同じトランス配座と呼ばれる（6.5節参照）．後者は**ゴーシュ（gauche）配座**と呼ばれる．gauche はフランス語で「ねじれた」という意味である．トランス配座とゴーシュ配座のように，配座の違いによって区別される異性体のことを**配座異性体**と呼ぶ．とくに，トランス配座とゴーシュ配座は C–C 結合軸の周りの回転によって入れかわるので，**回転異性体**という．なお，ねじれ配座であるゴーシュ配座は安定であるとはいえ，やはり二つのメチル基が近くにあって，少し反発があると考えられる．したがって，ゴーシュ配座はトランス配座よりもエネルギーが高く，少し不安定である．

ブタンのエネルギーの回転角依存性を**図 7.5** に示す．ブタンではエタンと異なり，2種類の重なり配座と2種類のねじれ配座がある．また，トランス配座は回転角が 180° であり，ゴーシュ配座は 60° と 300° の2か所である．右回り 60° のゴーシュ配座と左回り 60° のゴーシュ配座と表現することもできるが，この二つのゴーシュ配座はまったく同じ形をしているので，実験で

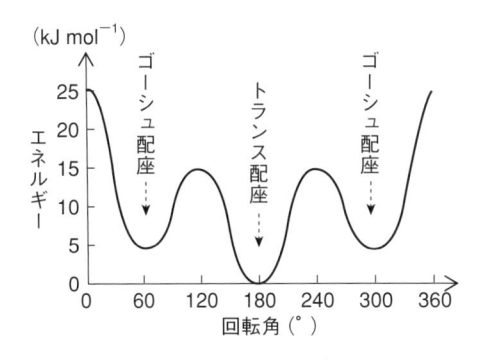

図 7.5 ブタンのエネルギーの回転角依存性

区別することはできない．すでにエタンで説明したように，室温では熱エネルギーなどで回転障壁を越えることができるので，右回りのゴーシュ配座がトランス配座になったり，左回りのゴーシュ配座になったりする．もしも，熱エネルギーのない絶対零度の世界にブタンをもっていけば，もはや回転障壁を越えることができなくなり，すべてのブタンが安定なトランス配座になる．分子は常にエネルギーの低い状態になろうとするからである．

7.4　シクロヘキサンの配座異性体

5個の炭素が直線的に並んだ炭化水素をペンタン（$CH_3CH_2CH_2CH_2CH_3$），6個の場合をヘキサン（$CH_3CH_2CH_2CH_2CH_2CH_3$）という．もちろん，すべての炭素はsp^3混成軌道になっているので，すべての結合角はほぼ正四面体角のままである．ただし，ブタンでトランス配座とゴーシュ配座という2種類を考えたように，メチレン基がどちらの方向に結合するかによって，ヘキサンでもいろいろな配座が考えられる．しかし，すべての配座が可能なわけではない．すべてのC–C結合軸に関してゴーシュ配座をとると，まるで蛇が自分の尻尾を噛むように，最後のメチル基の水素が最初のメチル基の炭素とぶつかってしまう．最初のメチル基と最後のメチル基の水素を1個ずつ取り去り，それぞれをメチレン基にして結合させてしまおう．このようにしてできた化合物がシクロヘキサンである．炭素の数が6個なのでヘキサンだが，分子全体が環をつくっているのでシクロヘキサンという（**図7.6**）．

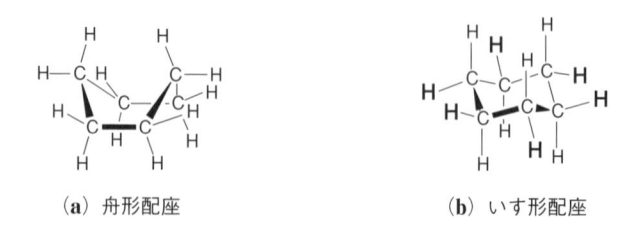

（a）舟形配座　　　　　　　　（b）いす形配座

図7.6　シクロヘキサンには2種類の配座がある

7.4 シクロヘキサンの配座異性体

ブタンで説明したように，ゴーシュ配座には右回り60°と左回り60°の2種類がある．ただし，ブタンの二つのゴーシュ配座は実験的に区別できないと説明した．しかし，シクロヘキサンのようにC–C結合軸がいくつもあると，それぞれの結合軸について，右回りのゴーシュ配座なのか，左回りのゴーシュ配座なのかをちゃんと考えなければならない．そうすると，同じシクロヘキサンでも，図7.6に示したように2種類の配座があることがわかる．**図7.6(a)**は舟に似ているので**舟形 (boat) 配座**という．ただし，すべての炭素原子がsp^3混成軌道をつくると，水素同士の反発を避けるために少しねじれる必要があるので**ねじれ舟形 (twist) 配座**という．**図7.6(b)**は分子の形が椅子に似ているので**いす形 (chair) 配座**という．いす形配座は結合している水素がすべて遠くに離れているので，ねじれ舟形よりも安定である．

いす形配座を注意して見ると，水素の位置に2種類あることがわかる．6個の炭素がつくる面の方向に結合している水素（太字で描いたH）と，その面に垂直方向に結合している水素（細字で描いたH）である．前者の位置を**エクアトリアル (equatorial)** という．"赤道上の"という意味で名付けられている．後者の位置を**アキシアル (axial)** という．"極軸方向の"という意味がある．どうして区別する必要があるのか，メチルシクロヘキサンで説明しよう．メチルシクロヘキサンはシクロヘキサンにメチル基が結合した化合物である．**図7.7**に示したように，メチル基がどちらの水素と置換されるかによって，2種類の配座異性体が生まれる．ただし，少しでも熱エネルギー

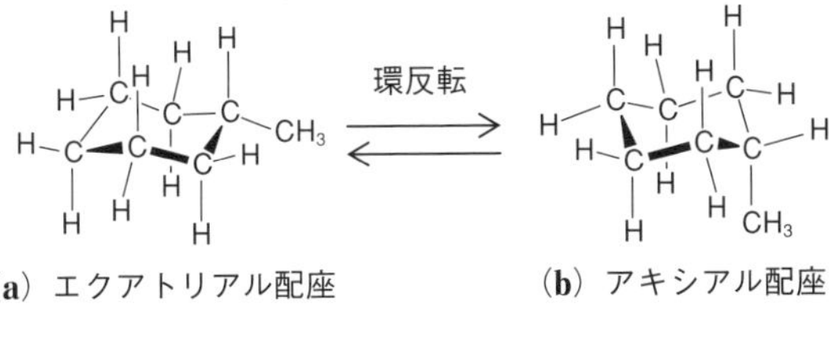

(a) エクアトリアル配座　　　(b) アキシアル配座

図7.7　メチルシクロヘキサンのいす形には2種類の配座がある

があると，トランス配座がゴーシュ配座になったように，環全体が連動して，エクアトリアル配座がアキシアル配座になったりする．このような動きを**環反転**あるいは**パッカリング**という．どちらの配座のほうが安定かというと，メチル基がエクアトリアルにある配座である．メチル基がアキシアルになると，他のアキシアルの水素との反発があるからである．

7.5 いろいろな異性体

今度は炭化水素に，炭素と水素以外の元素を結合させることを考えてみよう．たとえば，エタンに窒素を結合させる場合，一つの水素をアミノ基（NH_2-）で置換すればエチルアミン（$CH_3CH_2NH_2$）ができる．また，炭素と炭素の間にイミノ基（$-NH-$）を入れればジメチルアミン（CH_3NHCH_3）ができる．エチルアミンとジメチルアミンは，化学式が同じ（C_2H_7N）であっても化学結合が異なるから，すでに7.4節で述べたように，これらは構造異性体である．同様に，エタンに酸素を結合させてみよう．炭素と水素の間に酸素を入れればエタノール（C_2H_5OH）である．また，炭素と炭素の間に酸素を入れればジメチルエーテル（CH_3OCH_3）である．エタノールとジメチルエーテルもやはり構造異性体である．

異性体には，これまでに説明した構造異性体，配座異性体（回転異性体），幾何異性体の他に，鏡像異性体がある．具体的にブタンを使って鏡像異性体を説明しよう．7.3節では，ブタンには右回り60°のゴーシュ配座と左回り60°のゴーシュ配座の2種類があり，それらはエネルギーが同じなので，実験的に区別できないと説明した．それでは，それぞれのゴーシュ配座の端か

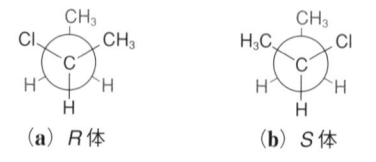

(a) R体　　　(b) S体

図7.8　2-クロロブタンには鏡像異性体がある

ら2番目の炭素に結合している水素を塩素で置換した2-クロロブタンはどうなるだろうか．ニューマン投影図を書いて調べてみよう(**図 7.8**)．

この場合にも，二つのゴーシュ配座は鏡に映したようなものだから，化学結合の種類も位置も，原子の立体的な位置関係も，そして，エネルギーもまったく同じである．しかし，ブタンのトランス配座とゴーシュ配座のように，内部回転によってお互いの形になることはない．あるいは，シクロヘキサンのエクアトリアル配座とアキシアル配座のように，パッカリング運動によってお互いの形になることはない．このように鏡に映した形でありながら，内部回転やパッカリング運動などによって，お互いの形にならない異性体を**鏡像異性体**(あるいは**エナンチオマー**)という．図 7.8 のそれぞれを R 体，S 体と呼ぶ(詳しい命名法については p.169 の参考書を参照)．なお，2-クロロブタンの2番目の炭素はエチル基，メチル基，水素，塩素というすべて異なる置換基が結合しているので，**不斉炭素原子**という．不斉炭素原子を含む分子の鏡像異性体に光をあてると，ほとんどの分子(対称面のない分子)が光を右に回したり左に回したりするので，実験によって区別できることがある[†1]．

これまでに説明した異性体を**図 7.9** にまとめる．幾何異性体は二重結合に関する立体異性体でもあり，次章で詳しく説明する．

異性体 ─┬─ 構造異性体 (例：ブタンとメチルプロパン)
　　　　└─ 立体異性体 ─┬─ 幾何異性体 (例：トランス形とシス形)
　　　　　　　　　　　　├─ 配座異性体 (例：トランス配座とゴーシュ配座)
　　　　　　　　　　　　└─ 鏡像異性体 (例：R 体と S 体)

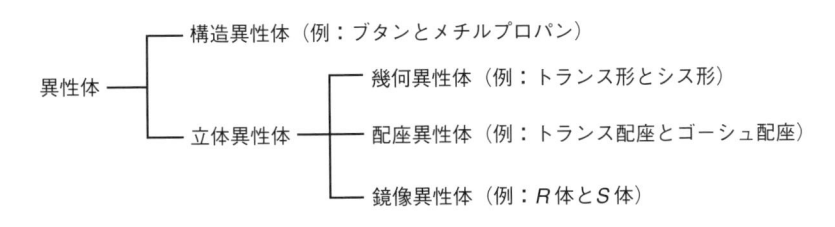

図 7.9　異性体のまとめ

[†1] 光は電場と磁場が振動する横波であり，光の進行方向と電場の振動する方向を含む面を偏光面という．本文で述べたような鏡像異性体や，第9章以降で説明する結晶に光をあてると，光の進行方向を回転軸として，偏光面が旋回することがある．詳しくは p.169 の参考書を参照．

演習問題

7.1 エタノールの2種類の回転異性体がわかるように，ニューマン投影図を書け．

7.2 2-メチルプロパンのねじれ配座は何種類あるか．

7.3 ペンタンの構造異性体を書け．

7.4 ペンタンの構造異性体には，全部で何種類の回転異性体が存在するか．

7.5 エチレンジアミンのねじれ配座は何種類あるか．

7.6 エチレンジアミンのエネルギーの回転角依存性の概略図を書け．

7.7 C_3H_8O の化学式で表される構造異性体を書け．

7.8 いす形配座のシクロヘキサンで，向かい合うそれぞれの炭素にメチル基が結合すると，何種類の配座異性体が考えられるか．

7.9 ブタノールの構造異性体には2種類がある．何と何か．

7.10 アミノ酸のグリシン，アラニンに鏡像異性体はあるか．

コラム

「しもにだ」の法則

異性体の研究は世界に先駆けて，東京大学化学教室の水島三一郎博士と森野米三博士を中心に行われた．「ゴーシュ形」という名前は水島博士が命名したといわれている．その後，異性体に関する研究は両先生のお弟子さんに引き継がれた．

森野博士の後継者のK先生は昭和2年の生まれである．水島先生の後継者であるT先生は昭和12年の生まれである．また，T先生の後継者は昭和22年生まれのH先生であり，K先生の後継者が昭和32年生まれのY先生である．このように生まれた年を並べてみると，東京大学化学教室で異性体の研究をするためには，生まれた年の下ひと桁が2である必要があることがわかる．これを「しもにだ」の法則と名付けることにする．この法則がいつまで続くのか，楽しみである．

ここで，炭化水素に関するケミカル川柳を3句．

「シクロヘキサン　あれはイス形　ソファー形」　（家具屋さん）

「ダンスする　私と彼は　回転異性体」　（幸せな私）

「回文だ！　小さなノナン　ナノノナン（nanononan）」　（ドイツの研究者）

第8章
π結合と共役二重結合

炭素は sp^3 混成軌道だけでなく，sp^2 混成軌道や sp 混成軌道をつくることもある．2個の炭素の混成軌道同士が重なって σ 軌道ができるときに，混成軌道に参加しない 2p 軌道同士が重なれば π 軌道ができる．そして，σ 結合と π 結合の両方で結合すれば多重結合になる．また，単結合と同じように多重結合でも複数の立体異性体ができる．この章では，基本的な有機化合物の π 軌道の様子と π 軌道に固有の性質を，系統的に探ることにする．

8.1 エチレンの π 結合

第7章では，有機化合物の単結合（σ 結合）と様々な異性体について説明した．化学結合が異なれば構造異性体ができるし，化学結合が同じでも原子の空間的な配置が異なれば立体異性体ができる．また，単結合軸周りの内部回転などで複数の回転異性体ができることも説明した．この章では，有機化合物の二重結合や三重結合に着目する．多重結合は単結合とは異なり，自由な内部回転はできないが，異性体はある．どのように考えたらよいだろうか．まずは，多重結合をもつ最も簡単な有機化合物であるエチレン（$CH_2=CH_2$）の化学結合を調べてみよう．

5.3 節で CH_4 の混成軌道について説明した．中心の炭素は一つの 2s 軌道と三つの 2p 軌道から四つの sp^3 混成軌道をつくり，4個の価電子は4個の水素と共有結合するので CH_4 となった．実をいうと，炭素は必ず sp^3 混成軌道をつくるとは限らない．2個の炭素が結合するときに，BH_3 と同じように sp^2 混成軌道をつくったり（5.2 節），BeH_2 と同じように sp 混成軌道をつくったりする（5.1 節）．まずは炭素が sp^2 混成軌道をつくるときの化学結合

86　第 8 章　π 結合と共役二重結合

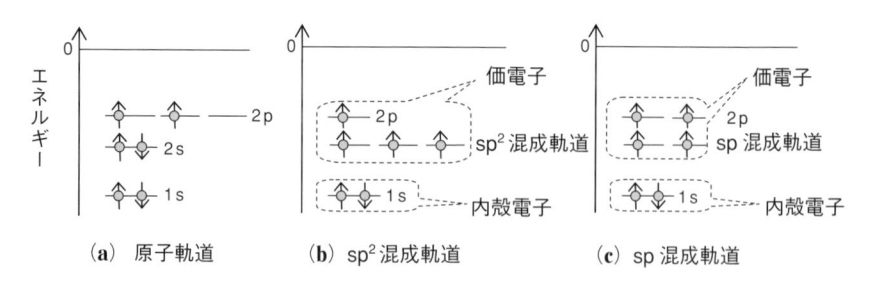

図 8.1　炭素の混成軌道と電子配置

(a) 原子軌道　　(b) sp² 混成軌道　　(c) sp 混成軌道

を調べてみよう．図 8.1 (a) には混成軌道をつくる前の炭素の電子配置を，図 8.1 (b) には sp² 混成軌道をつくったあとの電子配置を示した．

BH_3 のホウ素の電子配置（2.4 節の図 2.4 を参照)）と異なる点は，炭素の価電子が 1 個多いことである．つまり，sp² 混成軌道に参加していない 2p 軌道にも，価電子が 1 個入っている．$2p_x$ 軌道と $2p_z$ 軌道が 2s 軌道と一緒に sp² 混成軌道をつくると仮定して，まずは sp² 混成軌道の 3 個の価電子に着目しよう．BH_3 で説明したように，三つの sp² 混成軌道は同じ xz 平面内で 120° の角度で広がっている．三つのうちの二つは BH_3 と同じように水素の 1s 軌道と重なって，結合性軌道と反結合性軌道をつくる．もちろん，それぞれの価電子はエネルギーの低い安定な結合性軌道に入る．残りの一つの sp² 混成軌道は，同じように sp² 混成軌道をつくるもう一つの炭素との結合に使われる．つまり，2 個の炭素の sp² 混成軌道が重なって，結合性軌道と反結合性軌道ができ，それぞれの価電子は結合性軌道に入る．その様子を図 8.2 (a) に示す．sp² 混成軌道が重なってできる分子軌道は，軸方向に広がった軌道なので σ 軌道である（3.4 節参照）．

次に，残されている $2p_y$ 軌道の 1 個の価電子に着目しよう．もう一つの炭素にも同様に 1 個の価電子が $2p_y$ 軌道にあるので，二つの $2p_y$ 軌道が重なって，安定な結合性の π 軌道と不安定な反結合性の π* 軌道ができる（3.4 節参照）．そして，それぞれの価電子が π 軌道に入れば結合ができる．その様

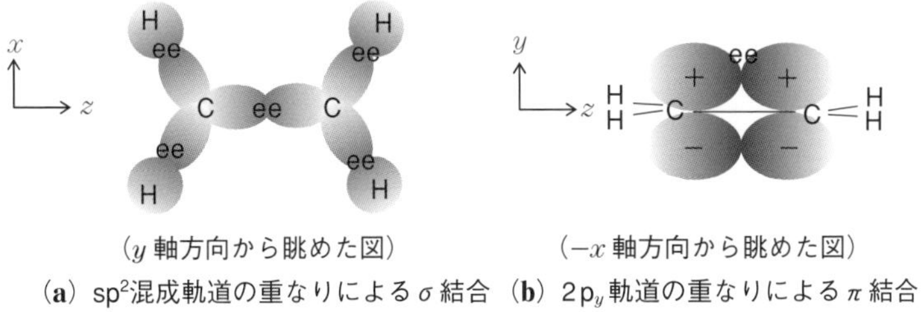

(a) sp²混成軌道の重なりによるσ結合 　(b) 2p_y軌道の重なりによるπ結合

図 8.2　エチレンの二重結合はσ結合とπ結合でできている

子を 図 8.2 (b) に示す．π 軌道は分子面（xz 平面）に垂直な方向に広がる軌道であり，分子面を境にして，波動関数の符号はプラスとマイナスとなっている．なんとなく，分子面を境にして結合が二つあるように見えるが，そうではない．分子面の両側の重なりを合わせて，はじめて一つの π 結合である．このようにしてできた化合物がエチレンである．エチレンの炭素と炭素をつなぐ二重結合の一つは **σ 結合** であり，もう一つは **π 結合** である．エチレンを外から眺めると，π 電子はσ電子の外側にあるように見える．そこで，他の分子がエチレンと反応しようとすると，まずは π 電子と反応する．

8.2　アセチレンとアレンの π 結合

今度はアセチレン（CH≡CH）の化学結合を調べてみよう．炭素は sp³ 混成軌道と sp² 混成軌道だけでなく，BeH_2 と同じように，2s 軌道と一つの 2p 軌道（ここでは $2p_z$ 軌道とする）から，二つの sp 混成軌道をつくることもできる．その電子配置を 図 8.1 (c) に示す．4 個の価電子のうち 2 個の価電子が二つの sp 混成軌道に入り，残りの 2 個の価電子はそれぞれ $2p_x$ 軌道と $2p_y$ 軌道に入る．二つの sp 混成軌道は BeH_2 で説明したように（5.1 節参照），z 軸の正と負の 2 方向に広がった軌道である．負の方向の sp 軌道は水素の 1s 軌道と重なって結合性軌道と反結合性軌道ができ，それぞれの価電子は結合性軌道に入る．正の方向の sp 軌道は，同じように sp 軌道をつくる

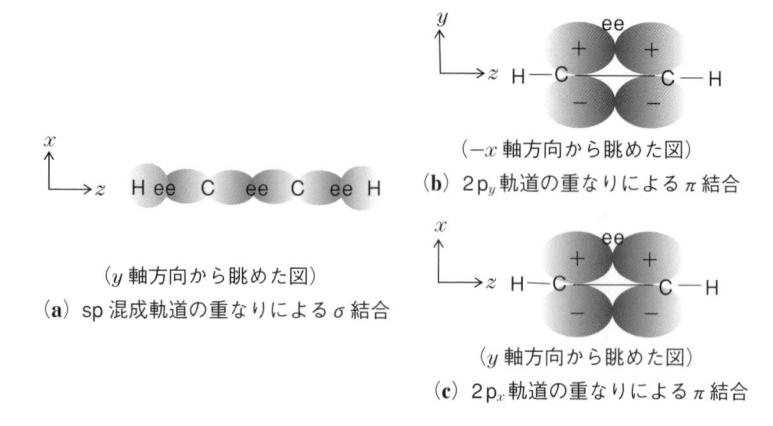

(a) sp混成軌道の重なりによるσ結合

(−x軸方向から眺めた図)
(b) $2p_y$軌道の重なりによるπ結合

(y軸方向から眺めた図)
(c) $2p_x$軌道の重なりによるπ結合

図 8.3 アセチレンの三重結合は一つのσ結合と二つのπ結合でできている

もう一つの炭素と結合する．つまり，それぞれの炭素のsp軌道が重なって，結合性軌道と反結合性軌道ができ，それぞれの価電子が結合性軌道に入ればσ結合となる．その様子を図 8.3 (a) に示す．また，それぞれの炭素の$2p_y$軌道の価電子はエチレンと同じようにπ結合をつくる（図 8.3 (b)）．残りの$2p_x$軌道の価電子はどうなるかというと，$2p_x$軌道と$2p_y$軌道は方向が違うだけであるから，$2p_y$軌道と同じようにπ結合をつくる（図 8.3 (c)）．つまり，アセチレンの炭素と炭素をつなぐ化学結合は，一つのσ結合と二つのπ結合からできている．その結果，アセチレンの結合距離（1.21 Å）はエチレン（1.34 Å）やエタン（1.53 Å）よりも短く，アセチレンの結合エネルギー（837 kJ mol^{-1}）はエチレン（636 kJ mol^{-1}）やエタン（386 kJ mol^{-1}）よりも大きい．

それでは，炭素と炭素が単結合で次々とつながって，いろいろな長さの炭化水素ができたように（7.1 節参照），二重結合で次々とつながって，いろいろな炭化水素をつくることが可能なのだろうか．二つの二重結合がつながった分子ならば可能であり，アレン（$CH_2=C=CH_2$）という．アレンの混成軌道はどのようになっているのだろうか．

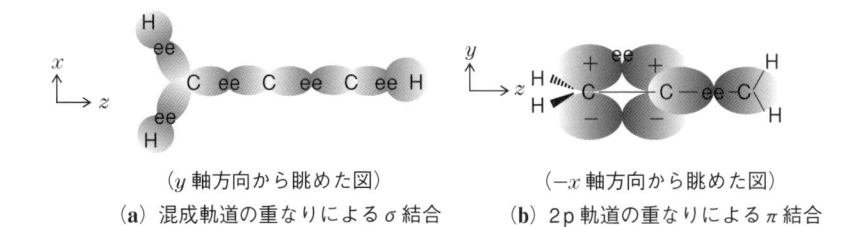

(**a**) 混成軌道の重なりによる σ 結合 （**b**）2p 軌道の重なりによる π 結合
（y 軸方向から眺めた図）　　　　　（−x 軸方向から眺めた図）

図 8.4　アレンの二つの CH_2 平面は直交している

　まず，左端の炭素はエチレンの炭素と変わらないから，3 個の価電子が sp^2 混成軌道に，1 個の価電子が $2p_y$ 軌道に入っていると考えてよい（**図 8.4**）．真ん中の炭素はどうなるかというと，左端の炭素と π 結合をつくるために 1 個の価電子が $2p_y$ 軌道に入る．残りの 3 個の価電子は sp^2 混成軌道に入っているかというと，そのようにはできない．なぜならば，右端の炭素と π 結合をつくるために，1 個の価電子を $2p_x$ 軌道に入れておかなければならないからである．そうすると，残りの 2 個の価電子はちょうどアセチレンの混成軌道と同じように，2s 軌道と $2p_z$ 軌道を使って sp 混成軌道になる．左端の炭素の sp^2 混成軌道と真ん中の炭素の sp 混成軌道が重なって，結合性の σ 軌道と反結合性の $σ^*$ 軌道ができ，それぞれの価電子が σ 軌道に入ると σ 結合ができる．C と C の結合が二重結合だからといって，必ずしも sp^2 混成軌道になっているわけではない．

　真ん中の炭素と右端の炭素の間でも，まったく同様にして，sp 混成軌道と sp^2 混成軌道が重なって，σ 結合ができる．ただし，注意しなければならないことは，右端の炭素の sp^2 混成軌道は 2s 軌道と $2p_z$ 軌道と $2p_y$ 軌道からできることである．その結果，左端の炭素に結合している 2 個の水素と，右端の炭素に結合している 2 個の水素は同じ平面にはない．つまり，エチレンとは異なり，左側の CH_2 平面と右側の CH_2 平面は直交している．また，それに伴って，左端の炭素と真ん中の炭素の π 軌道は $2p_y$ 軌道からできていて，右端の炭素と真ん中の炭素の π 軌道は $2p_x$ 軌道からできているので，二つの π

軌道も直交している．アレンは平面分子ではなく，90°ねじれた分子である．

8.3 ブタジエンの π 結合と共役二重結合

アレンと同じように二つの二重結合をもっていても，二重結合と二重結合の間に単結合が入ると，化学結合の様子が随分と変わる．このような結合を**共役二重結合**という．どうして共役というかというと，二つの二重結合の π 軌道が単結合の上で重なるからである．共役二重結合をもつ最も簡単な分子であるブタジエン（$CH_2=CH-CH=CH_2$）を調べてみよう（図 8.5）．なお，ブタジエンのすべての炭素は sp^2 混成軌道となっているので，結合角はすべて 120°のはずであるが，説明を簡単にするために直線形で表現する．

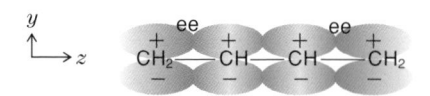

図 8.5 共役二重結合では π 軌道が重なって全体に広がる

ブタジエンはエチレンと同じように，1 番目の炭素と 2 番目の炭素の $2p_y$ 軌道が重なって π 軌道と π^* 軌道ができる．そして，3 番目の炭素と 4 番目の炭素の $2p_y$ 軌道が重なって，やはり π 軌道と π^* 軌道ができる．二つの π 軌道はさらに重なって，四つすべての炭素の $2p_y$ 軌道が重なった新たな分子軌道ができる．二つの π 軌道が重なって新たな軌道ができるときには，符号に注意することが必要である．図 8.5 に示したのは二つの π 軌道の符号を同じにして重ねてできる軌道である．左の π 軌道を π_A，右の π 軌道を π_B として，3.2 節での説明と同様に式で表せば（規格化定数は省略），

$$\pi_+ = \pi_A + \pi_B$$

となる．もちろん，符号を逆にして重ねることもできて，次式となる．

$$\pi_- = \pi_A + (-\pi_B)$$

π_+ 軌道と π_- 軌道で，どちらのエネルギーが低いか（安定か）というと，

8.3 ブタジエンのπ結合と共役二重結合

3.2節で説明したようにπ_+軌道である。なぜならば、図8.6に示したように、π_-軌道では分子の中心（破線）で波動関数の符号がひっくり返っており、反結合性軌道の性質があるからである。このような位置を"節(node)"という。節は波動関数の値がゼロとなる位置でもある。節の数が多ければそれだけ反結合性が強く、エネルギーが高くて不安定になる。たとえば、ギターなどの弦楽器も、指で弦の途中を押さえれば音は高くなる。音が高いということはエネルギーが高いということでもある。そして、指で押さえた部分が節にあたり、そこでは弦は振動しない（波の振幅が常にゼロ）。

今度は反結合性のπ_A^*軌道とπ_B^*軌道の重なりについて考えてみよう。結合性のπ軌道と同様に、やはり同じ符号で重ねるか、逆の符号で重ねるかによって二つの反結合性軌道ができる。

$$\pi_+^* = \pi_A^* + \pi_B^*$$
$$\pi_-^* = \pi_A^* + (-\pi_B^*)$$

π_+^*軌道とπ_-^*軌道のエネルギーの順番はどのようになっているかというと、それぞれの軌道の重なりの様子を見ればわかる。図8.6に示したように

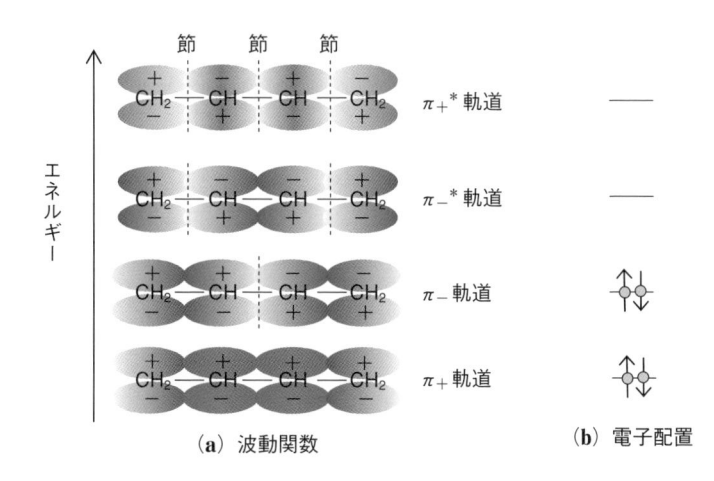

図8.6　ブタジエンのπ軌道と電子配置

π_+^* 軌道には節が三つあるが，π_-^* 軌道には二つしかない．したがって，π_+^* 軌道のエネルギーのほうが π_-^* 軌道よりも高い．ブタジエンは 4 個の炭素の $2p_y$ 軌道に 1 個ずつ価電子があり，合計で 4 個の電子を π 軌道に配置することになる．パウリの排他原理を考えれば，2 個の電子がエネルギーの最も低い π_+ 軌道に，そして，2 個の電子がその次にエネルギーの低い π_- 軌道に入る (図 8.6 (b))．

● 8.4　ベンゼンの安定化エネルギー

炭素の数が 6 個になって二重結合が 3 個になると，ますます共役二重結合の長さは長くなり，エネルギーは安定になる．分子の名前をヘキサトリエン ($CH_2=CH-CH=CH-CH=CH_2$) という．そして，ヘキサトリエンが環状になった分子がシクロヘキサトリエンである (図 8.7 (a))．シクロヘキサトリエンは二重結合と単結合を入れ替えても，やはり同じシクロヘキサトリエンである．このように，原子核の配置は同じで，電子の配置だけが異なるものを**共鳴構造**という．もしも，シクロヘキサトリエンのように二重結合と単結合が区別できるとすると，一般的な二重結合の距離は約 1.34 Å であり，一般的な単結合の距離は約 1.54 Å であるから，2 種類の炭素間の距離があるはずである．しかし，シクロヘキサトリエンは実際には存在することはなく，すべての炭素間の距離が同じベンゼンが存在する．ベンゼンはシクロヘキサトリエンの二つの共鳴構造の平均のようなものであり，正六角形をしている (図 8.7 (b))．どの炭素間の距離も同じで約 1.39 Å であり，二重結合

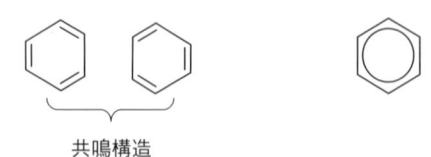

共鳴構造
(a) シクロヘキサトリエン　　　(b) ベンゼン

図 8.7　シクロヘキサトリエンとベンゼンの構造

よりも長く，単結合よりも短く，1.5 重結合のようなものである．そこで，単結合と二重結合を区別せずに，π 結合を円で書くこともある．ベンゼンは仮想的なシクロヘキサトリエンに比べて $150\,\mathrm{kJ\,mol^{-1}}$ も安定だといわれている．

共役二重結合は長くなればなるほど安定になる．ベンゼンの水素を炭素で置換すれば，さらに共役二重結合を伸ばすことができる．ベンゼン環が二つ結合すればナフタレンができるし，三つ結合すればアントラセンができる（図 8.8）．四つ横に並べればナフタセンができ，ひし形に並べればピレンができる．このようにベンゼン環を二次元方向にいくつも結合させていくと，炭素のみからなる巨大な平面分子（グラフェン）ができる．これについては 9.3 節で詳しく説明する．

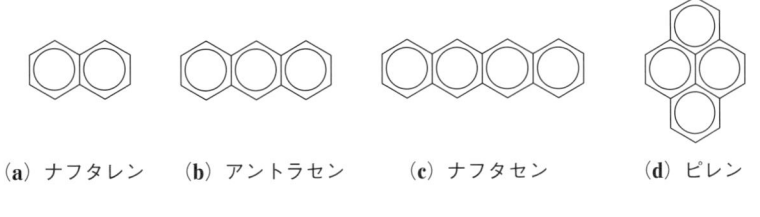

(a) ナフタレン　(b) アントラセン　(c) ナフタセン　(d) ピレン

図 8.8　代表的な共役環系を含む炭化水素

● 8.5　二重結合と幾何異性体

二重結合に関しても異性体を考えることができる．たとえば，エチレンに 2 個のメチル基を結合させることを考えてみよう．まず，同じ炭素に結合する場合と，別々の炭素に結合させる場合の二通りが考えられる（図 8.9）．前者はメチルプロペンあるいは慣用名でイソブチレンという．後者は 2-ブテンである．メチルプロペンと 2-ブテンは構造異性体である．また，2-ブテンには，二重結合に対して反対側に 2 個のメチル基を結合させるか，同じ側に結合させるかによって 2 種類の異性体ができる．それぞれをトランス形（E 体ともいう）とシス形（Z 体ともいう）と呼ぶ（6.5 節参照）．これらは回転

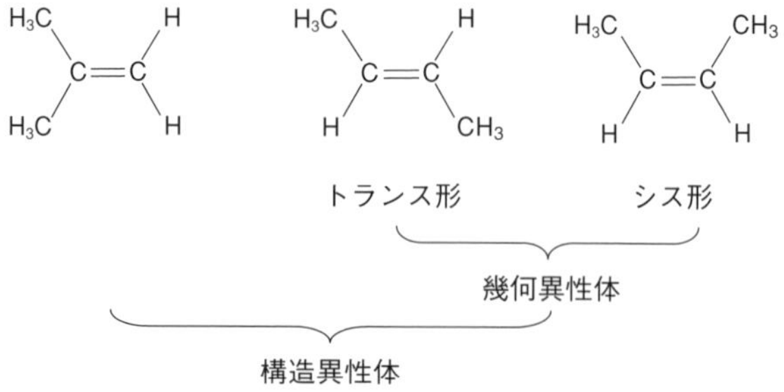

図8.9 エチレンの2メチル置換体

によってできるわけではないので，配座異性体ではなく幾何異性体である[†1]．

単結合に関する配座異性体，すなわち，回転異性体の場合には，わずかな熱エネルギーで内部回転が起こるので，室温でも，たとえば，ブタンはトランス配座からゴーシュ配座に変わることができた．しかし，二重結合に関する異性体，すなわち，幾何異性体の場合には，トランス形からシス形，あるいはシス形からトランス形になるためには，一度，π結合が切れて単結合になる必要がある．そのためには熱エネルギーでは不十分である．もしも，分子が光（たとえば紫外線）を吸収することができれば，光エネルギーは熱エネルギーに比べてはるかに大きいので，形を変えることができる．

このように考えると，8.3節で分子の形が直線であるとして説明したブタジエンにも，幾何異性体が存在する可能性がある（図8.10）．中心の単結合は完全には単結合ではなく，共役二重結合をつくることによって二重結合性があるからである．単結合に対して二つの二重結合が反対側にある形をs-トランス形という．そして，同じ側にある形をs-シス形という．s-トランス形はあきらかに平面分子である．しかし，s-シス形は両端の炭素に結合した水素同士が反発するので平面であるとは思われない．シクロヘキサンの舟形

[†1] 配座異性体は「〜配座」と呼び，幾何異性体は「〜形」と呼ぶ．熱（室温）で形が変わるかどうかで区別する．

図 8.10　ブタジエンの 2 種類の幾何異性体

と同じように，少しねじれる必要がある (7.4 節参照)．

　同じようなことがスチルベンについてもいえる．スチルベンは CH=CH のそれぞれの炭素に 1 個ずつベンゼン環が結合した分子である (**図 8.11**)．二重結合に対して，二つのベンゼン環が反対側にある形をトランス形，同じ側にある形をシス形という．トランス形はベンゼン環の π 軌道と CH=CH の π 軌道が共役しているので，もちろん，平面分子である．一方，シス形は 2 個のベンゼン環の H 原子がぶつかってしまうので，ねじれている．つまり，平面分子ではない．

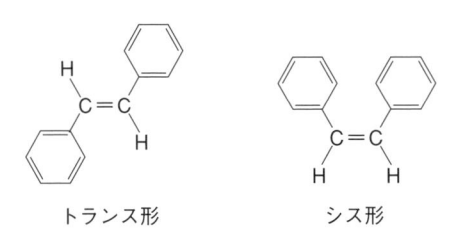

図 8.11　スチルベンの 2 種類の幾何異性体

演習問題

8.1　ホルムアルデヒド (CH_2=O) の O 原子の混成軌道を答えよ．
8.2　ホルムアルデヒドの非共有電子対はどちらの方向を向いているか．
8.3　CH_2=C=C=CH_2 は平面分子か．

8.4 ヘキサトリエンの三つの二重結合の π 軌道を組み合わせて，分子全体に広がった分子軌道を式で答えよ．ただし，規格化定数は考えなくてよい．

8.5 節の数を参考にして，前問で得られた分子軌道のエネルギーの順番を答えよ．

8.6 ヘキサトリエンの π 電子の電子配置を答えよ．

8.7 ヘキサトリエンの幾何異性体をすべて答えよ．

8.8 3個のベンゼン環を直線ではなく，正三角形に配置した化合物は安定ではない．その理由を答えよ．

8.9 イソブチレンおよび2-ブテンの構造異性体で二重結合をもつものは何か．

8.10 ベンゼンに2個のメチル基が結合した化合物の構造異性体を答えよ．

コラム

シクロブタジエンは存在するか？

　ヘキサンの両端の炭素を結合させると，シクロヘキサンができる（7.4節）．ヘキサトリエンからはベンゼンができる．また，あまり知られていないが，ブタンからはシクロブタンができる．もちろん，sp^3 混成軌道なので，シクロブタンは平面分子ではなく，シクロヘキサンのように折れ曲がっていて，反転運動している（7.5節）．それでは，ブタジエンの両端の炭素を結合させて，シクロブタジエンはできるだろうか．

　ベンゼンと同じように考えれば，炭素の σ 結合は sp^2 混成軌道なので，結合角は 120° にならなければならないが，4個の炭素では無理である．また，シクロブタンのように折れ曲がることができればよいが，共役二重結合なので，それも無理である．シクロブタジエンは存在しないのだろうか．

　実はつくることができる．ただし，実験室で，宇宙空間のような極低温，高真空の状態をつくり，ピリジン（ベンゼンの1個のCHを窒素で置換した化合物）に紫外線を照射するとできる．反応中間体はデュワー型ピリジンといわれている．

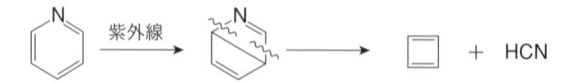

第9章
共有結合と巨大分子

炭素のみを一次元に並べた巨大な直線分子は安定ではない．しかし，共役二重結合で炭素を二次元に並べた巨大な平面分子は存在し，グラフェンと呼ばれる．グラフェンを層状に積み重ねるとグラファイトができ，筒状に丸めるとカーボンナノチューブができる．また，単結合で炭素を三次元に並べた巨大な立体分子がダイヤモンドである．この章では，炭素のみからなる巨大分子の化学結合の様子と結晶の構造を，系統的に探ることにする．

9.1 化学結合と身近な物質

これまでは，原子軌道と原子軌道が重なって結合性軌道と反結合性軌道の分子軌道ができ，それぞれの原子が価電子を出し合って結合性軌道に入ると，共有結合ができることを説明した．つまり，同じ元素ならば等核二原子分子ができるし，異なる元素ならば異核二原子分子ができる．また，3個以上の原子でも同じように共有結合ができれば，多原子分子ができることを説明した．水やアンモニアのような無機化合物も，メタンやエタンのような有機化合物も，共有結合によって多原子分子になる．VSEPR理論で説明されるように，多原子分子の形は基本的にはとてもきれいな形をしているが，その理由も分子軌道や混成軌道の様子が明らかになれば説明できる．

これまでに説明した分子はあくまでも小さな分子であった．原子の数でいえば，せいぜい20個以下の低分子である．しかし，我々の身近にある物質はこのような低分子ではない．一つ一つの低分子は小さ過ぎて我々の目には見えないが，我々の身近にある物質は無数に近い数の原子が集まった高分子や，低分子がたくさん集まった液体や固体である．このような集合体になると，

第9章 共有結合と巨大分子

表 9.1 いろいろな化学結合と身近な物質

化学結合の種類	身近な物質の例	説明する章
共有結合	ポリエチレン，ゴム，ダイヤモンド，…	第 9 章
イオン結合	塩(しお)，ホタル石，大理石，にがり，…	第 10 章
金属結合	金，銀，銅，鉄，リチウム，…	第 11 章
水素結合	水，氷，タンパク質，DNA，…	第 12 章
疎水結合	油脂，界面活性剤，細胞膜，…	第 13 章
ファンデルワールス結合	ドライアイス，氷砂糖，防虫剤，…	第 14 章

化学結合として共有結合だけを考えればよいというわけではない．共有結合の他にイオン結合，金属結合，水素結合，疎水結合やファンデルワールス結合などを考えなければならない（**表 9.1**）．この章からは，身近な物質に焦点をあて，それらがどのような化学結合でできているかを理解する．本章では，まず，共有結合からできる巨大分子について説明する．

9.2 ポリエチレンとゴム

7.1 節で説明したように，炭素はいくつでも共有結合して巨大な分子をつくることが可能である．ここでは，具体的にどのような分子になるか，もう少し詳しく調べてみよう．たとえば，エチレンの二重結合は 2 個の炭素の sp^2 混成軌道が重なって σ 軌道ができ，$2p_y$ 軌道が重なって π 軌道ができた（8.1 節参照）．σ 軌道の電子（σ 電子）に比べると，π 軌道の電子（π 電子）のエネルギーは高く，また，σ 電子よりも結合軸から外側に離れて存在する確率が高いので，他の分子と反応するときには，まず，π 電子が反応する．つまり，炭素と炭素の間の σ 結合を保ったまま，π 結合が切れて反応する．2 個のエチレンが反応する場合の化学反応式を具体的に書くと，

$$H_2C=CH_2 + H_2C=CH_2 \longrightarrow \cdot H_2C\overset{CH_2}{\underset{CH_2}{-}}CH_2\cdot$$

となる．それぞれのエチレンの π 結合が切れて，単結合の共有結合となる．

生成物の両端の炭素には不対電子があるので，これはラジカル分子である（3.5 節参照）．このようなラジカル分子は反応性が高いので，さらにもう一つのエチレン分子と反応して，さらに炭素数の多いラジカル分子が生成する．

$$\cdot H_2C-CH_2-CH_2-CH_2\cdot + H_2C=CH_2 \longrightarrow \cdot H_2C-CH_2-CH_2-CH_2-CH_2-CH_2\cdot$$

このようにして次々と反応が進むと，我々がよく知っているポリエチレンが生成する（実際の反応では触媒などを必要とする）．

$$n(H_2C=CH_2) \longrightarrow {\Large (}CH_2-CH_2{\Large)}_n$$

ポリエチレンの「ポリ」は「多く」という意味であり，ポリエチレンは多くのエチレンを含む**高分子**（**ポリマー**）であることを意味する．また，高分子のことを**重合体**ともいうので，**単量体**（**モノマー**）から高分子をつくることを「**重合する**」という．なお，ポリエチレンのそれぞれの炭素は，2 個の炭素と 2 個の水素との間で合計四つの共有結合をもつので，その軌道は sp^2 混成軌道から sp^3 混成軌道に変化したことになる．

エチレンの代わりにプロペン（慣用名はプロピレン）を用いれば，ポリプロピレンが生成する．

$$n\left(H_2C=CH\atop CH_3\right) \longrightarrow {\Large (}CH_2-{CH\atop CH_3}{\Large)}_n$$

ポリエチレンやポリプロピレンをはじめ，様々なポリマーがプラスチックの原料として，身近で利用されている．

それでは，エチレンのような二重結合ではなく，三重結合をもつアセチレン（8.2 節参照）も同じような高分子をつくるのだろうか．もちろん，可能で

ある．エチレンの場合には，二重結合のπ結合が切れて単結合になったが，アセチレンの場合には，二つのπ結合のうち一つが切れてラジカル分子ができる．つまり，一つのσ結合と一つのπ結合からなる二重結合が残る．

$$n(HC \equiv CH) \longrightarrow \left(\begin{matrix} CH \\ \parallel \\ CH \end{matrix} \right)_n$$

まるでエチレンがつながっているようなので，ポリエチレンといいたくなるが，アセチレンのポリマーなので**ポリアセチレン**という．ポリアセチレンは二重結合と二重結合の間に単結合が入っているので，ブタジエンと同様に共役二重結合である（8.3節参照）．つまり，π軌道は隣のπ軌道と重なるので，π電子はどの炭素にも存在できる．しかも，ポリアセチレンはとても長くつながった巨大分子なので，π電子が動くと，導線の中を電気が流れるようなものである．白川英樹博士は，ポリアセチレンにヨウ素などを加えると，電気を通す性質，すなわち，**電気伝導性**がとても良くなることを発見した．

ポリアセチレンのような共役二重結合ではないが，自然界には二重結合を含むポリマーがたくさんある．そのうちの一つが**天然ゴム**であり，シス-2-メチル-1,4-ブタジエン（慣用名はイソプレン）のポリマーである．

$$n \left(\begin{matrix} H_3C & CH \\ C-CH \\ H_2C & CH_2 \end{matrix} \right) \longrightarrow \left(\begin{matrix} H_3C & H_3C \\ C=CH & C=CH \\ CH_2 & CH_2 & CH_2 \\ H_2C & H_2C & CH_2 \\ C=CH & C=CH \\ H_3C & H_3C \end{matrix} \right)_{n/4}$$

1,4-ブタジエンは三重結合ではなく二重結合なので，ポリマーができるときに，ポリエチレンのように，すべての炭素と炭素の共役結合が単結合になると思うかもしれないが，そうではない．両端の炭素は重合してラジカルになるときに，隣の炭素にπ電子を渡すので，2番目の炭素と3番目の炭素の間

で新たなπ結合ができる．したがって，ポリアセチレンのように主鎖に二重結合を含み，また，ポリエチレンのように二つの二重結合の間に三つの単結合を含み，伸びたり縮んだりするゴムの性質を示す[†1]．

9.3 グラフェンとグラファイト

これまでは炭素と水素からなる炭化水素の高分子（ポリマー）を考えてきた．水素を含まずに，物質のすべてが炭素のみからなる巨大分子は存在するだろうか．たとえば，三重結合と単結合が交互に並んだ

$$\cdots\cdots C\equiv C-C\equiv C-C\equiv C-C\equiv C-C\equiv C-C\equiv C-C\equiv C-C\cdots\cdots$$

とか，あるいは，アレン（8.2 節参照）のように二重結合が連なった

$$\cdots\cdots C=C=C=C=C=C=C=C=C=C=C=C=C=C\cdots\cdots$$

のような物質である．残念ながら，このような巨大分子は不安定であり，存在しない．ただし，炭素の数が 10 個ぐらいならば，似たような分子が宇宙空間に存在するといわれている（p.169 の参考書を参照）．

炭素のみからできる直線状（一次元）の巨大分子は不安定で存在しないが，平面（二次元）の巨大分子ならば存在する．どのような分子かというと，8.4 節で述べたように，共役二重結合の環状の分子であるベンゼンの水素を炭素に置き換えて，次々と共役二重結合をつくればよい．そうすると，正六角形のタイルを敷き詰めたように，炭素だけからなる巨大な平面分子ができる．これを**グラフェン**という（図 9.1）．

グラフェンの炭素はベンゼンやポリアセチレンと同じ sp^2 混成軌道なので，平面内で 3 個の他の炭素と 120° の方向で共有結合をつくる．C–C 単結合の周りで，ぐにゃぐにゃとゆらぐ炭化水素のポリマーとは異なり（7.3 節参照），グラフェンはすべての炭素が空間的にとても規則正しく配置された巨大分子である．

[†1] ゴムが伸び縮みするためには，複数の主鎖同士が架橋することも重要であるが，ここでは詳しいことを省略する（p.169 の参考書を参照）．

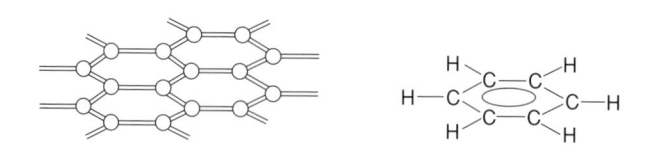

図 9.1 グラフェンの化学結合（左）とベンゼンの原子配置（右）

　グラフェンはすべての炭素が共役二重結合しているから，π軌道は分子全体に広がっていると考えてよい．そうすると，π電子は分子全体を自由に動き回ることができるはずである．これは 9.2 節で説明したポリアセチレンのπ電子や，第 11 章で説明する金属の自由電子とも似ている．したがって，グラフェンは優れた電気伝導性を示す．

　もしも，二つのグラフェンが近づくとどうなるだろうか．グラフェンの表面ではπ電子が自由に動き回っているから，π軌道とπ軌道が相互作用して**π-π 結合**ができると思われる．ただし，この結合は共有結合のように強くはなく，**ファンデルワールス結合**である（第 14 章で詳しく説明する）．このようにして，いくつものグラフェンの層が重なった物質が**グラファイト（黒鉛ともいう）**である（**図 9.2**）．グラフェンは自然界では反応性が高くて安定に存在しないが，グラファイトならば，鉱物の石墨などに主成分として含まれている．グラファイトはグラフェンが積み重なった物質なので，**層状化合物**ともいう．層と層との間隔は約 3.35 Åであり，グラフェンの炭素と炭素の共有結合距離（約 1.42 Å）に比べて 2 倍以上も長い．したがって，グラファイトはちょっとした力を加えても層状にはがれる．この性質を利用して，グラファイトは鉛筆の芯などに使われる．

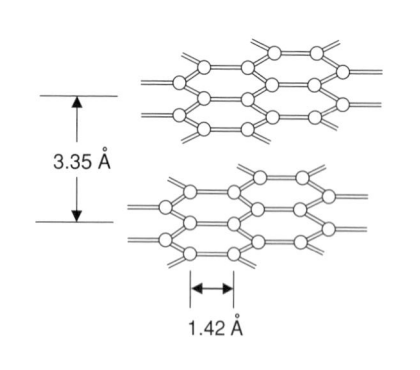

図 9.2 グラファイトは層状化合物

　実をいうと，グラファイトの層と層

の積み重ね方（**結晶形**）には2種類がある．α型とβ型といったりする．両者を区別するために，それぞれの型の層を上から見た様子を**図9.3**に示す．第一層（灰色）と第二層（黒）で示した炭素の配置はα型もβ型も同じである（11.4節と11.5節の最密構造を参照）．第二層の半分の炭素の位置が第一層のベンゼン環の中心にあり，残りの半分の炭素の位置が第一層の炭素の位置にある．そして，α型の第三層の炭素の位置は第一層と同じである．一方，β型の濃い黒で示した第三層は，半分の炭素の位置が第一層と同じで，残りの半分の炭素が第二層と同じである．β型はエネルギーが高くて不安定であり，鉱物の石墨にはα型が主成分として含まれている．

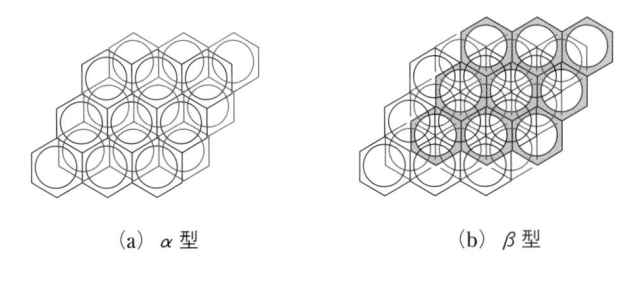

(a) α型   (b) β型

図9.3　グラファイトには2種類の結晶形がある

9.4　ナノチューブとフラーレン

二次元方向に広がったシート状のグラフェンを積み重ねた物質がグラファイトである．実をいうと，海苔巻きの海苔のように，グラフェンをぐるりと丸めて円筒状にした立体的な物質もある（**図9.4**）．グラフェンは正六角形を基本単位にしているから，金網を丸めたような構造といったほうがイメージしやすいかもしれない．これは飯島澄夫博士が電子顕微鏡で最初に見つけ，**カーボンナノチューブ**と呼ばれている．カーボンナノチューブの円筒の直径は400〜500Åのものが知られている．あるいは，円筒の中に円筒が入った多重管の構造のカーボンナノチューブもある．

カーボンナノチューブはグラフェンを丸めたものであるから，炭素のみを

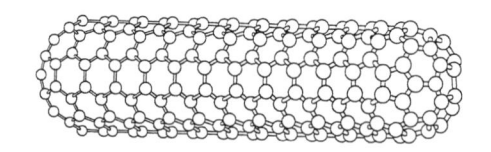

図 9.4　カーボンナノチューブの構造

元素とし，すべての炭素が共役二重結合をつくっている．そうすると，π 軌道が円筒の表面に広がっていることになる．π 軌道はそもそも 2p 軌道が重なってできた分子軌道である．すべての 2p 軌道は正の方向と負の方向で符号が異なるだけで，電子の存在確率を表す絶対値の 2 乗は同じである（2.2 節参照）．したがって，平面の巨大分子であるグラフェンの π 軌道は，平面の上も下も等価であり，区別ができない（図 9.5(a)）．しかし，カーボンナノチューブは円筒形なので，空間的に広い円筒表面の外側と空間的に狭い円筒表面の内側で，π 軌道の波動関数の値が異なるという不思議な化学結合をしている（図 9.5(b)）．現在，カーボンナノチューブの物性を調べる実験や理論的な研究が盛んに行われている．

まん丸のおにぎりの海苔のように，グラフェンを球状にした分子もある．しかし，正六角形を基本形とする金網をいくら丸めても，うまく球にはならない．どうしたらよいだろうか．そのヒントはサッカーボールにある．サッ

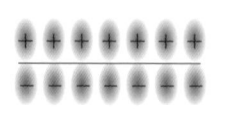

(a) グラフェン　　　(b) カーボンナノチューブ

図 9.5　グラフェンとカーボンナノチューブの π 軌道は異なる

(a) C_{60} (b) C_{70}

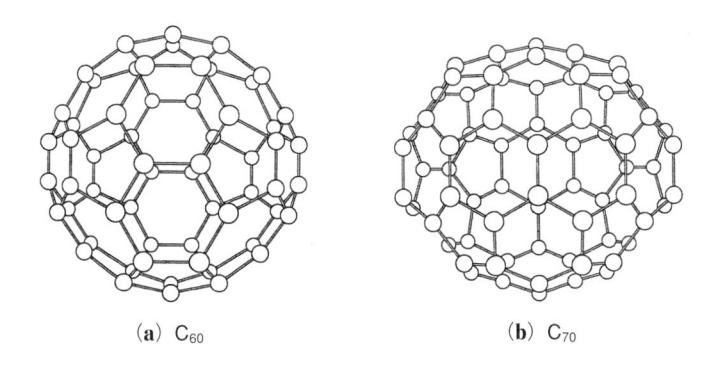

図9.6　フラーレンの分子構造

カーボールは正六角形の他に正五角形を配置した構造になっていて，頂点の数を丁寧に数えると60個である．つまり，60個の炭素をサッカーボールの各頂点に配置すると，球状の分子ができる（**図9.6 (a)**）．これを**フラーレン**という．フラーレンのすべての炭素も共役二重結合でつながっている．そして，フラーレンの球の表面は，カーボンナノチューブと同様に表と裏で非等価なπ軌道になっている．

フラーレンには70個の炭素からできた分子もある（**図9.6 (b)**）．この場合には，サッカーボールのような真球ではなく，ゆがんだ球，つまり，ラグビーボールのような形をしている．炭素が60個のフラーレンをC_{60}，70個のフラーレンをC_{70}といったりする．

9.5　ダイヤモンドと元素の共有結合半径

炭素のみからできていて，しかも，二重結合を含まず，単結合のみで立体的に共有結合した巨大分子が**ダイヤモンド**である．メタン（CH_4）のすべての水素を炭素で置き換えて，次々と炭素を結合させると，1個の炭素はsp^3混成軌道の四つの方向，つまり，正四面体角の四つの方向で4個の炭素と共有結合する．ダイヤモンドは無数の炭素がとてもきれいに規則正しく並んだ

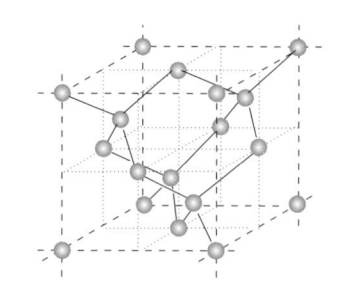

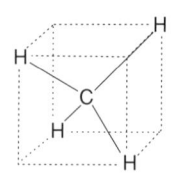

図 9.7 ダイヤモンドの結晶構造（左）とメタンの原子配置（右）

結晶である（**図 9.7**）．

　図 9.7 では，ダイヤモンドの結晶のほんの一部を取り出して描いた．実際には同じ構造が上下，左右，前後の三次元空間の方向にきれいに並んでいる．炭素の位置を点線でつなぐと格子ができるので，これを**結晶格子**（あるいは**空間格子**）という．炭素が格子のどこに配置されているかというと，破線で囲んだ大きな立方体の八つの頂点と，六つの面の中心にあることがわかる．残りの 4 個の炭素の位置を理解するためには，破線でできた大きな立方体を 8 個の小さな立方体に分割するとわかりやすい．手前の右下の小さな立方体の中心と，手前の左上の小さな立方体の中心と，奥の右上と左下の小さな立方体の中心に炭素がある．つまり，面で接した小さな立方体には炭素はなく，辺で接した小さな立方体の中心に炭素がある．ダイヤモンドの結晶構造は，メタンの構造とは似ても似つかないように見えるかもしれない．しかし，小さな立方体を取り出してみると，メタンと同じ正四面体構造が見えてくる．

　ダイヤモンドのすべての結合角は正四面体角，すなわち，109.5° である．このことはとても大事なことであり，ダイヤモンドが物質の中で最も硬いという性質と関係している．どういうことかというと，仮にダイヤモンドに力を加えて炭素の配置を歪ませようとすると，正四面体角よりも小さな結合角が必ずできてしまう．これは 5.4 節の VSEPR 理論で説明したように，分子全体のエネルギーを高くして，不安定にすることを意味する．したがって，

9.5 ダイヤモンドと元素の共有結合半径

ダイヤモンドは簡単には炭素の配置を変えようとしない．つまり，「硬い」のである．ダイヤモンドは物質の中で最も硬い鉱物であるが，同じ炭素からできていても，グラファイトを主成分とする石墨はとてももろい鉱物である．このように，同じ単体で化学結合が異なる物質のことを**同素体**という．グラフェンやナノチューブやフラーレンも炭素の同素体である．

一般に，元素の**共有結合半径**は，1種類の元素からなる単体の単結合の距離を半分にして求められる．ダイヤモンドの炭素と炭素の結合距離は約 $1.54\,\text{Å}$ であるから，炭素の共有結合半径は $0.77\,\text{Å}$ となる（**表9.2**）．炭素と同族のケイ素やゲルマニウムにもダイヤモンドと同じように安定な結晶があり，同様にして共有結合半径を求めることができる．その他の元素については，できるだけ多くの化合物の単結合の距離を再現できるように，共有結合半径を決める．水素やアルカリ金属元素やハロゲン元素の等核二原子分子の化学結合は単結合であり，それらの結合距離（表3.2）の半分の値が共有結合半径にほぼ等しくなっている．表9.2を見るとわかるように，同じ族では原子番号が大きくなるにつれて，共有結合半径は大きくなる．また，同じ周期では，原子番号が大きくなるにつれて共有結合半径は小さくなる．これらは，まさに1.5節で予測した傾向と一致する．

表9.2 代表的な元素の共有結合半径

H 0.37							He
Li 1.34	Be 0.90	B 0.82	C 0.77	N 0.75	O 0.73	F 0.71	Ne
Na 1.54	Mg 1.30	Al 1.18	Si 1.11	P 1.06	S 1.02	Cl 0.99	Ar
K 1.96	Ca 1.74	Ga 1.26	Ge 1.22	As 1.19	Se 1.16	Br 1.14	Kr
Rb 2.11	Sr 1.92	In 1.44	Sn 1.41	Sb 1.41	Te 1.35	I 1.33	Xe
Cs 2.25	Ba 1.98						

単位は Å．

演習問題

9.1 2-ブテン（$CH_3CH=CHCH_3$）からできるポリマーの構造を書け．

9.2 メチルアセチレン（$CH_3C≡CH$）からできるポリマーの構造を書け．

9.3 直線状のポリアセチレンの2種類の幾何異性体を書け．

9.4 ポリプロピレンのメチル基の位置の異なる立体異性体を書け．

9.5 $\cdots-C≡C-C≡C-\cdots$ の炭素はどのような混成軌道か．

9.6 $\cdots=C=C=C=C=C=\cdots$ の炭素はどのような混成軌道か．

9.7 グラフェンの炭素と炭素の結合は何重結合か．

9.8 C_{60} の炭素の位置はすべて同じ環境か，異なるとすれば何種類あるか．

9.9 図9.7（左）の大きな立方体の中に炭素はいくつあるか．ただし，頂点の炭素は1/8個，面の中心の炭素は1/2個と数える．

9.10 炭素以外の元素で同素体のある物質を探してみよ．

● コラム ●

「ダイヤモンド」と「黒鉛」

人工ダイヤモンドをつくるためには，いろいろな方法がある．そのうちの一つは黒鉛を高温，高圧で処理する方法である．結構，エネルギーとお金のかかる方法であるが，得られるものがダイヤモンドともなれば，一攫千金を夢見た昔の錬金術師の気持ちもわかる．しかし，残念なことに，今のところ，天然に産出するような大きなダイヤモンドはつくれない．それでは，天然のダイヤモンドはどのようにしてできたのだろうか．地球の力は偉大である．地球の地下深くは50000気圧，1000℃もの高圧，高温になっている．そのような状況の中で，黒鉛はダイヤモンドに変わる．

黒鉛からダイヤモンドをつくるためには膨大なエネルギーが必要である．ダイヤモンドから黒鉛をつくるためにもエネルギーが必要である．ただし，ダイヤモンドと黒鉛のどちらのエネルギーが低くて安定かというと，常圧では黒鉛のほうがダイヤモンドよりも安定である．本文で説明したように，これは単結合と共役二重結合の結合エネルギーの違いに基づくと考えられる．たとえば，火事でダイヤモンドが燃えて炭（黒鉛）になることもあるらしい．本当かどうか，誰か試してくれるとはっきりするのだが….もちろん，酸素のない状態で．

第 10 章
イオン結合とイオン結晶

　正の電荷をもつ陽イオンと負の電荷をもつ陰イオンが近づくと，電気的な引力が働いて化学結合ができる．これをイオン結合という．イオン結晶では，陽イオンと陰イオンがイオン結合して，規則正しく並んだ格子をつくる．格子の中の陽イオンと陰イオンの配置は，それぞれのイオンの元素の種類や価数などによって異なる．この章では，イオン結合の本質と，いろいろなイオン結晶の構造や元素のイオン半径を，系統的に探ることにする．

10.1　砂糖は有機物，塩は無機物

　台所の調味料の代表といえば，砂糖と塩である．砂糖は甘いし，塩はからい．化学結合論的に見ても両者には大きな違いがある．砂糖は炭素と水素と酸素が結合した有機物（スクロースという二糖類）であり，化学結合はこれまでに説明した共有結合である．一方，塩はナトリウムと塩素が結合した無機物（塩化ナトリウム）である．もしも，Na と Cl が砂糖と同じように共有結合していれば，NaCl という異核二原子分子となる．第 4 章で説明したように，Na の原子軌道と Cl の原子軌道が重なって結合性軌道と反結合性軌道ができ，それぞれの原子が 1 個ずつ価電子を出して結合性軌道に入れば，共有結合ができる（図 10.1 (a)）．真空中で塩化ナトリウムを高温にして孤立した分子をつくると，他の異核二原子分子と同じような共有結合の性質を示す．NaCl 分子の Na 原子核と Cl 原子核の距離は約 2.36 Å である．

　しかし，我々が身近で見ている塩化ナトリウムは，常温，常圧で異核二原子分子になっているわけではない．どのようになっているかというと，Na は 1 個の価電子を放出して正の電荷をもつ陽イオンとなり，貴ガス (Ne) と

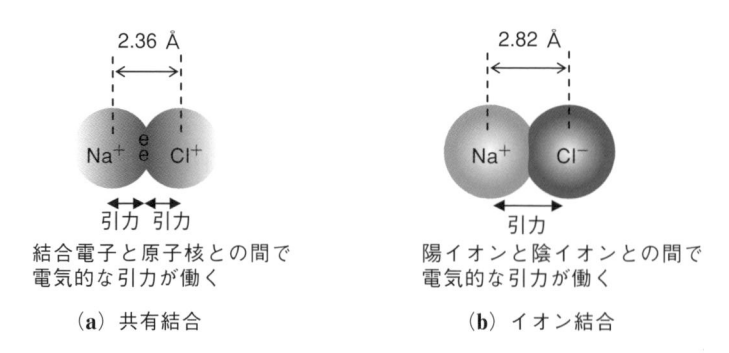

図 10.1 NaCl の共有結合とイオン結合の違い

同じ電子配置になっている．2.5 節で説明したように，これはイオン化である．Na のようなアルカリ金属元素（第 1 族元素）は，いずれも 1 価の陽イオンになりたがる．一方，Cl は 1 個の電子を受け取り，負の電荷をもつ陰イオンとなり，やはり貴ガス（Ar）と同じ電子配置になる．2.5 節で説明したように，Cl のようなハロゲン元素（第 17 族元素）は，いずれも陰イオンになりたがる．そうすると，塩化ナトリウムには正の電荷をもつ Na^+ と負の電荷をもつ Cl^- が存在するのだから，両者の間には電気的な引力が働くはずである．この電気的な力による化学結合のことを**イオン結合**という（図 10.1(b)）．塩化ナトリウムの Na^+ と Cl^- のイオン結合の距離は約 2.82 Å であり，共有結合の約 2.36 Å よりも長い．イオン結合は共有結合よりも少し弱い結合である．

塩化ナトリウムでは，単に 1 組の Na^+ と Cl^- がイオン結合しているわけではない．正の電荷をもつ Na^+ の周りに 2 個の Cl^- があれば，2 個とも電気的な引力が働くし，3 個の Cl^- があれば，3 個とも電気的な引力が働くはずである．しかし，あまりにもたくさんの Cl^- が集まりすぎると，今度は負の電荷をもつ Cl^- 同士の電気的な反発が起こって不安定になるから，適当な数の Cl^- が集まるはずである．また，5.4 節で説明した VSEPR 理論によれば，集まった Cl^- はできるだけ離れようとするはずであり，その結果，塩化ナトリ

ウムの Na^+ と Cl^- は，三次元空間でとてもきれいな規則正しい配置をする．塩化ナトリウムはイオン結合によってできた**イオン結晶**である．一方，第 9 章で説明したダイヤモンドは，共有結合でできているので**共有結合結晶**という．

◉ 10.2 NaCl と CsCl の結晶構造

ダイヤモンドの他にも，1 種類の元素からなる単体でできた鉱物がある．このような鉱物を**元素鉱物**という．金や銀や銅などがその例である．これらは陽イオンと陰イオンを含まないので，イオン結合することはなく，金属である．金属の結合と結晶構造については第 11 章で詳しく説明する．ここでは岩塩 (NaCl) のように，陽イオンと陰イオンからなるイオン結晶を考えることにする．

塩化ナトリウムの結晶構造を**図 10.2 (a)** に示す．Na^+ の位置を白っぽい丸で，Cl^- の位置を黒っぽい丸で表した．すでにダイヤモンドで説明したように，白丸と黒丸を線で結ぶと，三次元空間の結晶格子ができる (9.5 節)．もしも，黒丸だけに着目すると，破線で示した立方体の八つの頂点および六つの面の中心に Cl^- が配置されていることがわかる．結晶格子が立方体をしているので**立方晶系**といい，立方体の頂点のほかに面の中心にもイオンがあるので**面心格子**といい，したがって，このような結晶格子を**面心立方格子**と

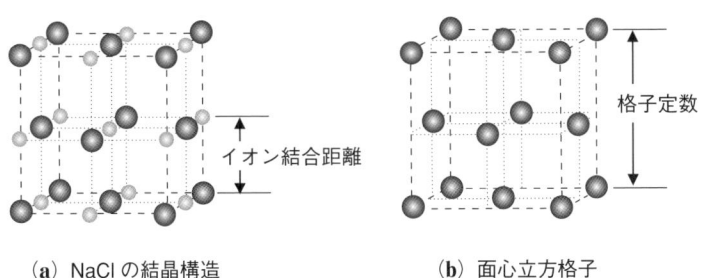

(a) NaCl の結晶構造　　　　(b) 面心立方格子

図 10.2　NaCl の結晶構造と単位格子

いう(**図 10.2 (b)**)．なお，結晶格子の特徴を表すための単位となる格子のことを**単位格子**という．

　一方，Na^+ は面心立方格子の立方体の中心にあり，上下左右前後の合計 6 個の Cl^- とイオン結合している．これを 6.4 節で説明した金属錯体と同様に「陽イオンの周りに陰イオンが **6 配位している**」という．Na^+ と Cl^- では結晶内での配置が異なっているように見えるかもしれないが，そうではない．上下左右前後のどちらでもよいが，単位格子の立方体の一辺の長さ(これを**格子定数**という)の半分だけ白丸を動かしてみよう．そうすると，すべての白丸が黒丸に重なる．つまり，Na^+ も Cl^- と同様に，立方体の八つの頂点および六つの面の中心に配置されていることがわかる．Na^+ の単位格子も Cl^- と同じように面心立方格子であり，6 個の Na^+ が 1 個の Cl^- 原子の周りに結合した 6 配位である．立方格子の場合には，立方体の各辺の長さは同じであり，それは Na^+ と Na^+ の陽イオン間の距離でもあり，Cl^- と Cl^- の陰イオン間の距離でもある．Na^+ と Cl^- の最短距離を求めてみよう．NaCl の場合には格子定数は約 5.64 Å なので，その半分の 2.82 Å が Na^+ と Cl^- の**イオン結合距離**となる．

　イオン結晶がどのような単位格子になるかは，結晶を構成する陽イオンと陰イオンの種類と価数，周りにある対イオンの配位数などに依存する．アルカリ金属元素の陽イオンとハロゲン元素の陰イオンからなるイオン結晶のほとんどは，NaCl と同じように，陽イオンの単位格子も陰イオンの単位格子も面心立方格子となる．この結晶構造を **NaCl 型**と呼ぶ．アルカリ金属元素のフッ化物と塩素化物について，格子定数とイオン結合距離を**表 10.1** に示す．

　表 10.1 では CsCl の値をわざと載せなかった．その理由は，陽イオンの Cs^+ が陰イオンの Cl^- よりも少し大きくなって，NaCl 型の結晶構造をとらないからである．どのような結晶構造になるかというと，**図 10.3 (a)** のようになる(Cs^+ の位置を白丸で，Cl^- の位置を黒丸で示した)．図 10.3 (a) で示した全体の大きな立方体を 8 分割すると，小さな立方体ができる(9.5 節の

表10.1 NaCl型結晶の格子定数とイオン結合距離

イオン対	格子定数	イオン結合距離	イオン対	格子定数	イオン結合距離
LiF	4.026	2.01	LiCl	5.140	2.57
NaF	4.633	2.32	NaCl	5.640	2.82
KF	5.340	2.67	KCl	6.293	3.15
RbF	5.652	2.83	RbCl	6.590	3.30
CsF	6.020	3.01			

単位はÅ．

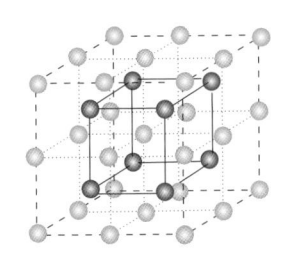

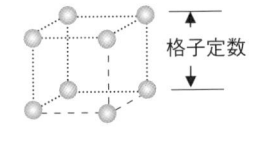

(a) CsClの結晶構造　　　(b) 単純立方格子

図10.3　CsCl型の結晶構造と単位格子

ダイヤモンドを参照)．これがCsCl結晶の基本となる単位格子（**図10.3(b)**）である．小さな立方体の8個の白丸はNaCl型と同様に立方体の頂点に配置されているので立方晶系であるが，面心の白丸はなくなっている．このような格子を**単純格子**というので，Cs^+の単位格子は**単純立方格子**である．小さな立方体の中心にあるCl^-も，図10.3(a)の8個の黒丸を線で結ぶとわかるように，Cs^+と同じように単純立方格子である．このことは，黒丸を上下左右前後のすべての方向に格子定数の半分だけ動かしてみると，すべての黒丸が白丸に重なることからもわかる．このように，陽イオンも陰イオンも単位格子が単純立方格子である結晶構造を**CsCl型**と呼ぶ．

NaCl型ではそれぞれのNa^+の周りに6個のCl^-が，そして，Cl^-の周りに

6個のNa$^+$が配置されていた．しかし，CsCl型ではCs$^+$の周りに8個のCl$^-$が，そして，Cl$^-$の周りに8個のCs$^+$が配置されている．一般に，陽イオンと陰イオンのイオン半径に差があるイオン結晶では6配位となり，差が小さくなると8配位になるといわれている．なお，CsClの格子定数は4.120 Åである．この値はNaCl型の5.64 Åと比べると短いように思うかもしれないが，単位格子の種類が違うからであって，イオン結合距離が短くなったわけではない（演習問題10.7を参照）．

◉10.3　第2族元素を含むイオン結晶の構造

　第1族のアルカリ金属が第17族のハロゲン元素と結晶をつくると，ほとんどすべてがイオン結晶をつくることがわかった．第2族のアルカリ土類金属元素（Ca，Sr，Ba）も2価の陽イオンになって，ハロゲン元素とイオン結晶をつくる．ただし，陽イオンと陰イオンの組成比は1：2なので，NaCl型あるいはCsCl型とは異なる結晶構造になることが予想される．どのような結晶構造だろうか．

　たとえば，ホタル石の主成分であるフッ化カルシウム（CaF$_2$）を調べてみよう．CaF$_2$の結晶構造を**図10.4**に示す．白丸で示したCa^{2+}だけをとりだしてみると，NaClのNa$^+$やCl$^-$と同じように面心立方格子になっている．一方，黒丸で示したF$^-$だけをとりだしてみると，CsClのCs$^+$やCl$^-$と同じように単純立方格子をつくっていることがわかる．このように面心立方格子と単純立方格子の組合せでできる結晶構造を**CaF$_2$型**という．アルカリ土類金属元素のハロゲン化物で多く見られる結晶構造である（**表10.2**）．

　Ca^{2+}の面心立方格子の立方体の中に，陽イオンと陰イオンが何個ずつ入っているかを数えてみよう．図から明らかなように，F$^-$は立方体の中にある単純立方格子の頂点の8個である．一方，Ca^{2+}の数を数えるのは少し難しい．まず，六つの面の中心にあるイオンは1/2が立方体の中に入っているので，合計で3個（＝1/2×6）と数える．また，頂点にあるイオンは1/8が立

10.3 第2族元素を含むイオン結晶の構造

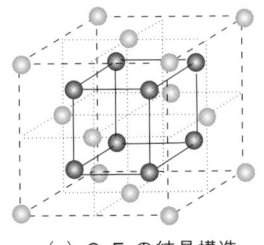

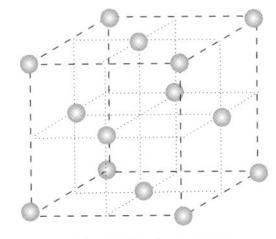

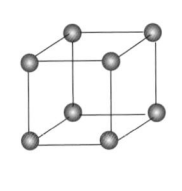

(a) CaF$_2$ の結晶構造　　**(b)** 面心立方格子　　**(c)** 単純立方格子

図 10.4　CaF$_2$ 型の結晶構造と単位格子

方体の中に入っているので，合計で 1 個（＝ 1/8 × 8）と数える．結局，4 個の Ca^{2+} が立方体の中に入っていることになる．そうすると，Ca^{2+} の数と F$^-$ の数の比は 1:2 となり，確かに CaF$_2$ の組成比と一致する．

今度はアルカリ土類金属元素の酸化物，あるいは硫化物を調べてみよう．この場合には，酸素もイオウも 2 価の陰イオンとなっているので，アルカリ金属元素の陽イオンとハロゲン元素の陰イオンからなるイオン結晶と同じように，陽イオンと陰イオンの組成比は 1:1 である．そうすると，それらの結晶構造は NaCl 型になることが予想される．

アルカリ土類金属元素を含むイオン結晶の構造を**表 10.2** にまとめた．確かに，酸化物も硫化物もすべて NaCl 型になっている．また，ここには書かなかったが，同じ第 2 族元素の Mg の酸化物も硫化物も NaCl 型である．ただし，Mg のハロゲン化物は CaF$_2$ 型にはならない．その理由は 10.5 節で述べるように，化学結合がイオン結合ではなく，共有結合性の強い化学結合に

表 10.2　アルカリ土類金属元素を含む代表的なイオン結晶の構造

イオン対	結晶構造	イオン対	結晶構造	イオン対	結晶構造	イオン対	結晶構造
CaF$_2$	(1)	CaCl$_2$	(2)	CaO	(4)	CaS	(4)
SrF$_2$	(1)	SrCl$_2$	(1)	SrO	(4)	SrS	(4)
BaF$_2$	(1)	BaCl$_2$	(3)	BaO	(4)	BaS	(4)

(1) CaF$_2$ 型，(2) CaCl$_2$ 型，(3) PbCl$_2$ 型，(4) NaCl 型

なるからである．MgF_2 や $MgCl_2$ などは，イオン結晶というよりもダイヤモンドのような共有結合結晶として扱ったほうがよい．Be のハロゲン化物も同様である．同じ第2族の元素である Be と Mg が，アルカリ土類金属元素に含まれない理由の一つである．

ここでは陰イオンとして，ハロゲン元素イオンとカルコゲン元素イオンのみを説明したが，炭酸イオン（CO_3^{2-}）や硫酸イオン（SO_4^{2-}）が陰イオンとなるイオン結晶もある．たとえば，炭酸カルシウム（$CaCO_3$）は貝殻やサンゴの骨格であるし，石灰岩や大理石の主成分である．また，硫酸マグネシウム（$MgSO_4$）は豆腐の凝固剤のにがりとして使われている．それらの結晶構造はかなり複雑なので，ここでは説明を省略する（p.169 の参考書を参照）．

10.4 元素のイオン半径

もしも，イオン結晶の構造と格子定数がわかっていれば，元素のイオン半径（陽イオンと陰イオンの最短距離）を求めることができる．できるだけ多くのイオン結晶の格子定数をうまく説明するように，シャノンが決めたイオン半径を表 10.3 に示す[†1]．同じ元素の陽イオンでも，周りに何個の陰イオ

表 10.3 シャノンのイオン半径（代表的な元素）

元素	配位数	半径	元素	配位数	半径	元素	配位数	半径	元素	配位数	半径
Li^+	4 6	0.73 0.90	Be^{2+}	4 6	0.41 0.59	O^{2-}	4 6	1.24 1.26	F^-	6	1.19
Na^+	4 6	1.13 1.16	Mg^{2+}	4 6	0.71 0.86	S^{2-}	6	1.70	Cl^-	6	1.67
K^+	6 8	1.52 1.65	Ca^{2+}	6 8	1.14 1.26	Se^{2-}	6	1.84	Br^-	6	1.82
Rb^+	6 8	1.66 1.75	Sr^{2+}	6 8	1.32 1.40	Te^{2-}	6	2.07	I^-	6	2.06
Cs^+	6 8	1.81 1.88	Ba^{2+}	6 8	1.49 1.56						

単位は Å．

[†1] イオンの半径ではなく，イオン結合距離から求めた半径なので，共有結合半径や金属結合半径と同じように，イオン結合半径と呼ぶほうが正しい．

ンが配置されるかによってイオン半径が少し変わるので，配位数ごとにまとめてある．

たとえば，Na^+ では，4個の陰イオンが配置される場合には $1.13\,\text{Å}$ であるが，6個の陰イオンが配置される場合には $1.16\,\text{Å}$ となり，イオン半径が少し大きくなる．配置される陰イオンの数が増えると，陰イオン同士の反発が大きくなって近づきにくくなり，イオン結合距離が長くなって，結果的にイオン半径が大きくなると考えればよい．また，NaCl の面心立方格子のように，同じ6配位をとるアルカリ金属元素のイオン半径は，

$Li^+\,(0.90\,\text{Å}) < Na^+\,(1.16\,\text{Å}) < K^+\,(1.52\,\text{Å}) < Rb^+\,(1.66\,\text{Å}) < Cs^+\,(1.81\,\text{Å})$

の順番に大きくなっている．この傾向は第2族元素でも第16族元素でも第17族元素でも同様である．同じ族の中で比べると，原子番号が大きくなるにつれて，電子が遠くに存在する確率が増えるから，イオン半径が大きくなるのは当然といえば当然である．また，電子数が同じアルカリ金属元素とハロゲン元素（たとえば，Na^+ と F^- あるいは K^+ と Cl^-）では，ほとんど同じ半径となっている．また，第2族元素のイオン半径が第1族元素に比べて小さい理由は，原子番号が大きくなるにつれて原子核の正の電荷が大きくなり，電子を強く原子核の近くに引き寄せているからである．同じ傾向は第16族元素と第17族元素との間でも少し見られる（たとえば，O^{2-} と F^- あるいは S^{2-} と Cl^-）．

1.5節で述べたように，元素の原子半径にはいろいろな定義がある．共有結合半径（表9.2）を，イオン結晶のイオン結合距離から求めたイオン半径（表10.3）と比べてみよう．アルカリ金属元素は陽イオンになると，原子核の周りに存在する電子数が減るので，イオン半径のほうが共有結合半径よりも小さい．たとえば，Na のイオン半径は $1.16\,\text{Å}$，共有結合半径は $1.54\,\text{Å}$ であり，$0.38\,\text{Å}$ も小さい．逆に，ハロゲン元素の陰イオンでは電子数が増えるので，イオン半径のほうが共有結合半径よりも大きい．たとえば，Cl のイオン半径は $1.67\,\text{Å}$，共有結合半径は $0.99\,\text{Å}$ であり，$0.68\,\text{Å}$ も大きい．

● 10.5 BeS と BeO の結晶構造

10.3 節で，Mg のハロゲン化物のイオン結晶は，かなり共有結合性が強いことを説明した．同じ第 2 族元素である Be を含む結晶は，Mg のハロゲン化物に比べてさらに共有結合性が強くなる．たとえば，$BeCl_2$ の結晶構造は，すでに 5.5 節で説明したように，三中心二電子結合という共有結合でできている．また，BeF_2 は石英と同じ結晶構造をしている．BeO や BeS も共有結合性の強い結晶である．どのような結晶構造になっているのだろうか．

図 10.5 に BeS の結晶格子を示した．S の位置を示す黒丸は NaCl 型の Cl^- や Na^+ と同じように，面心立方格子の配置になっている．つまり，破線で表された立方体の頂点と面の中心に，合計 14 個の S が配置されている．それでは Be がどこにあるかというと，この立方体を等価な八つの小さな立方体に分割すると見えてくる．すべての分割した立方体ではなく，隣り合わない立方体（一辺のみを共有する立方体）の中心に Be がある．この分割した立方体では Be の周りに 4 個の S が配位されており，ちょうど 5.3 節で説明したメタンの分子構造と同じである．つまり，メタンの炭素の位置に Be があり，メタンの水素の位置に S がある．なお，すべての Be の白丸を上下と左右と前後に格子定数の 1/4 ずつずらすと，S の黒丸の位置に重なることがわかる．つまり，Be も S も面心立方格子である．ただし，陽イオンも陰イオンも 6 配位の NaCl 型とは異なり，Be も S も 4 配位である．このような結晶構造を代表とする鉱物が閃亜鉛鉱（主成分は ZnS）なので，この結晶構造を**閃亜鉛鉱型**という．閃亜鉛鉱型の Be と S のすべてを炭素で置き換えると，ダイヤモンドの結晶構造となる（図 9.7 参照）．

一方，BeO の結晶構造はこれまでの立方晶系とは異なり，閃亜鉛鉱型の水

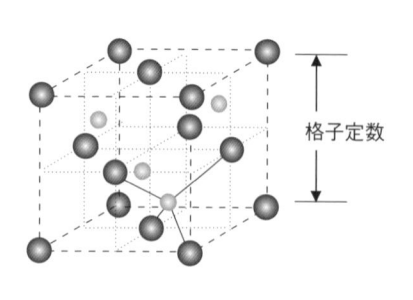

図 10.5　閃亜鉛鉱型

10.5 BeS と BeO の結晶構造

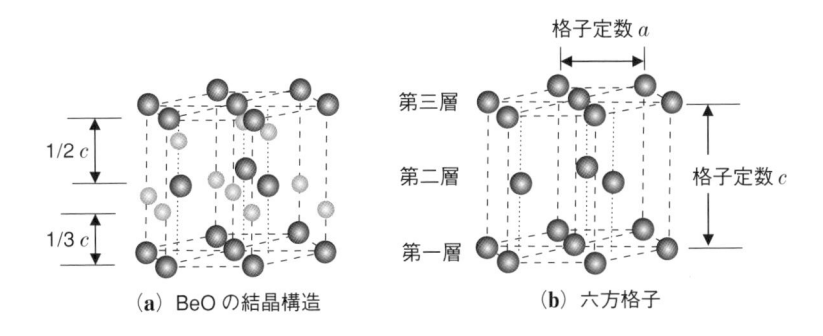

図 10.6 ウルツ鉱型

(a) BeO の結晶構造
(b) 六方格子

平面の正方形をゆがめて菱形にした**六方晶系**である（図 10.6）．立方晶系では単位格子の辺の長さはすべて同じだったので，一つの格子定数で単位格子を定義することができたが，六方晶系では垂直方向と水平方向の 2 種類の格子定数を使って定義する必要がある．水平面内の酸素と酸素の距離を格子定数 a および格子定数 b（a と b は等しい），垂直方向の酸素と酸素の距離を格子定数 c と呼ぶ．また，六方の単位格子（**六方格子**）は三つの層（水平面）からできている．一番下の層の酸素は正六角形の頂点とその中心位置にある．その正六角形を六つの等価な正三角形に分割して，その正三角形の重心の真上に第二層の酸素がある．ただし，隣り合っていない三つの正三角形の真上である．さらに，第三層の酸素は第一層の酸素の真上にある．一方，白丸で示した Be は，黒丸で示したすべての酸素の $(1/3)c$ だけ真上にある．言い換えれば，酸素を $(1/3)c$ だけ上にずらすと Be の位置と一致するので，Be も六方格子である．このような結晶構造を代表とする鉱物が，やはり ZnS を主成分とするウルツ鉱なので，この結晶構造を**ウルツ鉱型**という．ウルツ鉱は実際に鉱物として産出するが，閃亜鉛鉱に比べると不安定であり，常温，常圧で徐々に閃亜鉛鉱に変化することが知られている．これらの二つの結晶はイオン結晶というよりも共有結合結晶である．その構造は金属の最密充填構造（11.4 節，11.5 節）や氷の結晶構造（12.3 節）とも深く関係している．

演習問題

10.1 LiF が共有結合しているとして，共有結合半径から結合距離を求めよ．

10.2 LiF がイオン結合しているとして，イオン半径から結合距離を求めよ．

10.3 NaCl のイオン結晶で，Cl^- と Cl^- の最短距離を格子定数から求めよ．

10.4 NaCl のイオン結晶で，Na^+ と Na^+ の最短距離を格子定数から求めよ．

10.5 NaCl のイオン結晶で，単位格子の中にある Cl^- の数を求めよ．

10.6 NaCl のイオン結晶で，単位格子の中にある Na^+ の数を求めよ．

10.7 CsCl の格子定数 $4.12\,Å$ からイオン結合距離を求めよ．

10.8 CaF_2 の格子定数 $5.46\,Å$ からイオン結合距離を求めよ．

10.9 MgS の格子定数 $5.20\,Å$ からイオン結合距離を求めよ．また，表10.3 のイオン半径から求めた結合距離と比較せよ．

10.10 CuCl（閃亜鉛鉱型）の格子定数 $5.42\,Å$ から，Cu と Cl の結合距離を求めよ．

コラム

「蛍光」と「りん光」

先日，鳥取城の近くにある博物館に行った．いろいろな鉱物を見て楽しんでいると，たたみ一畳ほどの小さな暗室の中にホタル石が置いてあった．紫外線をたくさん出す照明をつけ，その後に消して暗闇にすると，ホタル石がしばらくの間，青紫色に輝いていた．ホタルの光は黄緑だったはずだが….

ホタル石のように，光エネルギーを吸収してエネルギーの高い不安定な状態になり，その後，エネルギーを放出して安定になるために放射する光のことを蛍光という．実をいうと，蛍光を厳密に区別すると，「蛍光」と「りん光」の2種類がある．何が違うかというと，電子のスピン状態が違う．蛍光はエネルギーの高い状態も光を放射した後の低い状態も，電子のスピンの向きが変わらずに，あっという間に放射される．一方，りん光はスピンの向きを変える必要があるので少し時間がかかり，ゆっくりと放射される．したがって，ホタル石の蛍光は厳密にいえば蛍光ではなく「りん光」である．

ちなみに，ホタルの発光は蛍光ではない．ホタルの体内で化学反応が起き，その反応によって放出される化学エネルギーを光エネルギーに変えている．ホタルの光は蛍光ではなく，「化学発光」あるいは「生物発光」という．

第 11 章
金属結合と金属結晶

　金属は原子軌道が重なって物質全体に広がった分子軌道をつくる．そして，価電子は物質全体に広がった分子軌道の中で，自由に動くことができる．この自由電子による化学結合を金属結合という．自由電子のおかげで，金属固有の性質，すなわち，すぐれた電気伝導性，熱伝導性，延性，展性や金属光沢が生まれる．また，金属は陽イオンが規則正しく並んだ結晶でもある．この章では，金属結晶の構造と金属結合の本質を探ることにする．

11.1 いろいろな金属

　金(きん)は昔から人々を魅了してきた．その黄金色の輝きの美しさは人々の心を打ち，古くは東北地方の藤原氏が中尊寺に金色堂を建てたり，豊臣秀吉が黄金の茶室を建てたりしたことでも有名である．現在でも，金は装飾品として重宝され，ネックレスや指輪，ブローチなどに用いられている．金は酸化されにくく，その輝きは永遠のものとして尊ばれ，エジプトでは肉体も金に変わることによって永遠に腐ることはないと信じられ，ファラオの死後，金でつくられたマスクがかぶせられていたといわれている．この章では，金を代表とする金属の化学結合と構造について詳しく説明する．

　まずは金属の定義から考えてみよう．周期表にはたくさんの元素が書いてあるが，すべての元素が金属元素に分類されるわけではない．金属元素として認められるためには，次の三つの条件を満たす必要がある．一つはその元素の単体がすぐれた**電気伝導性**や**熱伝導性**をもつことである．つまり，電気や熱をよく伝えるということである．もう一つはすぐれた**延性**や**展性**をもつことである．延性というのは引っ張っても破壊されずに延びる性質のことで

あり，展性というのは押しても破壊されずに広がる性質のことである．最後の一つは**金属光沢**である．金属は金属固有の光沢をもつ．

周期表でいうと，金属元素は第2周期のLiとBe，第3周期のNa，MgとAl，第4周期のKからGaまで，第5周期のRbからSnまでの元素である（**図11.1**）．一方，金属の性質を示さない元素を**非金属元素**という．また，金属元素と非金属元素の境目にあるB, Si, Ge, As, Sb, Teは，金属元素と非金属元素の中間の性質を示すので**半金属元素**といわれる[†1]．金属元素をさらに二つに分類することもある．6.2節で説明したように，第1族，第2族，第13族～第18族の元素は典型元素なので，その元素からなる金属を**典型金属**という．典型元素以外の元素は遷移元素なので，典型金属以外の金属を**遷移金属**という．

族の番号																	
1	2	3	4	5	6	7	8	9	10	11	12	13	14	15	16	17	18
H																	He
Li	Be											B	C	N	O	F	Ne
Na	Mg											Al	Si	P	S	Cl	Ar
K	Ca	Sc	Ti	V	Cr	Mn	Fe	Co	Ni	Cu	Zn	Ga	Ge	As	Se	Br	Kr
Rb	Sr	Y	Zr	Nb	Mo	Tc	Ru	Rh	Pd	Ag	Cd	In	Sn	Sb	Te	I	Xe

■ 半金属，■ 非金属

図11.1 金属元素，半金属元素，非金属元素の分類（第1～5周期）

それでは，金属が金属固有の性質，すなわち，すぐれた電気伝導性，熱伝導性，展性，延性などを示すのはなぜだろうか．おそらく，これまでと同様に，金属元素がどのように化学結合するかを調べれば，理解できるはずである．まずは，金属をつくる原子の軌道と電子配置を調べ，そして，原子と原子がどのような分子軌道をつくるかを考えてみよう．

[†1] 半金属元素の定義ははっきりと決まっていない．

◉ 11.2　自由電子と結合エネルギー

　これまでに，原子と原子が近づいたときに，原子軌道と原子軌道が重なって共有結合ができると説明した．たとえば，3.3節で説明したように，2個のLi原子が近づくと，2s軌道が重なって結合性軌道と反結合性軌道ができ，それぞれのLi原子が1個ずつ価電子を出して，結合性軌道に入れば共有結合ができた（**図11.2**）．Li_2分子は共有結合によってできる等核二原子分子である．それでは，2個のLi_2分子が近づくとどうなるだろうか．やはり，それぞれのLi原子の2s軌道が重なって，同じように二つの結合性軌道と二つの反結合性軌道ができる．4個のLi原子が1個ずつ価電子を出して，4個の価電子が結合性軌道に入れば共有結合ができる．このようにして，n個のLi原子の2s軌道が重なると，$n/2$個の結合性軌道と$n/2$個の反結合性軌道ができる．結合性軌道のエネルギーの間隔は，Li原子の数が増えれば増えるほど狭くなり，同じように反結合性軌道のエネルギーの間隔も狭くなる．そして，Li原子の数が無限に大きくなると，エネルギーの間隔も無限に小さくなり，結合性軌道のエネルギーも反結合性軌道のエネルギーも連続的になる．それぞれを**価電子帯**と**伝導帯**という．価電子帯の最上端と伝導帯の最下端の間のエネルギー準位の存在しない部分を**バンドギャップ**（または**エネルギーギャップ**）というが，金属の場合にはバンドギャップは存在せず，価電子帯

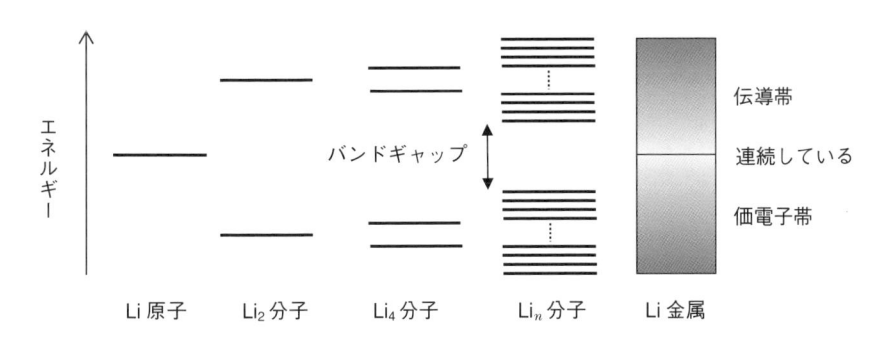

図11.2 金属原子の数が増えると，エネルギーの間隔が狭くなる

と伝導帯はつながっていて，エネルギー準位は連続的になる[†1]．

すべてのLi原子の2s軌道にある電子は，すべて価電子帯のエネルギーの状態になっている．無数のLi原子の2s軌道が重なれば，物質全体に広がった分子軌道ができる．分子軌道が物質全体に広がっているということは，電子の存在確率が物質全体に広がっていて，電子はどこにでも存在できるということである．このような電子を**自由電子**という．ただし，自由電子は完全に自由な電子という意味ではない．それぞれのLi原子は2s軌道の価電子を提供して陽イオンになるので，正の電荷をもつ原子核と負の電荷をもつ自由電子の間には，電気的な力が働くはずである（図11.3）．ただし，金属内の電子は，もとの特定の陽イオンに縛られているわけではなく，どの陽イオンとも多かれ少なかれ電気的な力が働いている．このような化学結合を**金属結合**という．金属は自由電子という海に，陽イオンという島が浮かんでいるとイメージすればよい．金属の中のLi^+とLi^+の金属結合の距離は約3.04 Åであり，等核二原子分子のLi_2分子の距離（約2.67 Å）よりも長い（表3.2参照）．金属結合は共有結合よりも弱い結合である．

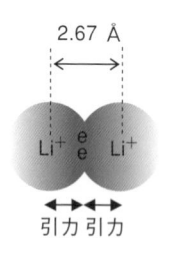

結合電子と原子核との間で電気的な引力が働く

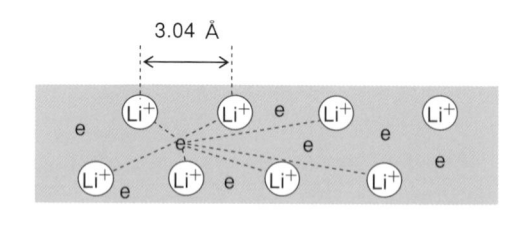

自由電子と不特定の原子核との間で電気的な引力が働く

（a）共有結合　　　　　　　　（b）金属結合

図11.3　金属の中の自由電子が金属結合をつくる

[†1] 半導体ではバンドギャップが重要な役割を果たす．

Liと同じアルカリ金属元素は，すべて金属結合する．ただし，Naの場合には2s軌道ではなく，3s軌道が重なって物質全体に広がった分子軌道となる．そして，それぞれの原子が1個ずつ価電子を自由電子として提供して，金属結合ができる．一方，アルカリ土類金属元素などの第2族元素は，それぞれの原子が2個ずつ価電子を自由電子として提供する．2.4節で説明したように，貴ガス元素と同じ電子配置をもつ陽イオンは安定だからである．

アルカリ金属元素や第2族元素は，s軌道の重なりによってできる分子軌道のみを考えればよい．しかし，それ以外の金属元素では，価電子がp軌道になっていたり，d軌道になっていたりする．たとえば，第6章で説明したように，第一遷移金属（Sc～Zn）の種類の違いは，d軌道の価電子数の違いによるものである．そうすると，s軌道の重なりによる金属結合だけではなく，p軌道やd軌道の重なりによる金属結合も考えなければならない．しかし，金属結合の考え方はs軌道と同じでよい．

◉11.3 金属の性質

　金属の中で，陽イオンはとても規則正しく配列しているので，金属のことを**金属結晶**ともいう．金属結晶の中で陽イオン同士を結びつけている電子が自由電子であることを理解すると，金属がすぐれた延性や展性を示す理由も理解できる．金属は自由電子の海の中で，陽イオンという島が存在するようなものだから，陽イオンの位置が少しぐらい押されても，陽イオンと自由電子との電気的な力は大きな影響を受けない（図11.4(a)）．つまり，金属結合はほとんど変わらないので，金属が壊れることはない．自由電子は常に陽イオンを結び付ける働きを担っている．たとえば，金の塊をたたくと，どんどん薄くなる．いくらたたいても破壊されることはなく，二次元方向に広がる．これが金箔である．1gの金を1m^{2}に広げることも可能である．金箔の厚さ方向の原子の数はわずかに数十個になるが，それでも自由電子はちゃんと金属結合を保っている．このことは，第10章で説明したイオン結晶とは大き

(a) 金属結晶

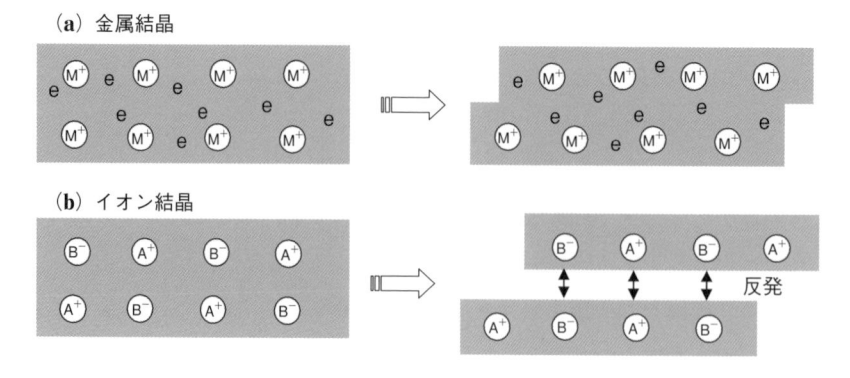

(b) イオン結晶

図11.4　金属結晶では，陽イオンがずれても，自由電子が金属結合を保つ

な違いである．イオン結晶は陽イオンと陰イオンとの電気的な引力によって結合しているので，少し押すと，陽イオン同士あるいは陰イオン同士が電気的に反発して壊れてしまう（**図11.4(b)**）．

　また，電気伝導性や熱伝導性も自由電子のおかげである．たとえば，金属の両端に正と負の電圧をかけて，電子が金属に流れてくれば，自由電子が金属の外に出ていく．自由電子は金属の中で特定の陽イオンに束縛されることなく（抵抗も少なく），自由に動くことができるからである．また，金属の片端に熱エネルギーが与えられると，その熱エネルギーは自由電子の運動エネルギーとなり，自由電子は金属全体を動き回るので，金属全体に熱が伝わって熱くなる．金属のすぐれた熱伝導性も，まさに，自由電子のおかげである．図11.2で示したように，自由電子の価電子帯と伝導帯は連続的につながっているので，わずかな電気エネルギーや熱エネルギーでも，自由電子は容易に価電子帯から伝導帯に移って，そのエネルギーを受け入れることが可能であり，すぐれた電気伝導性や熱伝導性を示すのである．

　金属光沢も自由電子によって生まれる性質の一つである．光は電磁波であり，電場と磁場が振動している（7.5節の脚注を参照）．そして，光が金属表面に当たると，振動する電場や磁場に伴って自由電子が振動するために（こ

れを**プラズマ振動**という），光は金属の中に入ることができずに反射される．つまり，自由電子の振動が光の侵入を阻止すると考えればよい．自由電子の振動のために，金属の光に対する反射率は他の物質に比べてとても大きく，90％以上にもなる（銅鏡のように，昔は銅が鏡として用いられた）．反射する光の波長は金属元素の種類によっても異なる．ほとんどの金属はほとんどすべての光を反射するが，金(きん)は赤や黄の波長の長い光を反射して青や紫の波長の短い光を吸収し，反射した光が我々の目に入るので，黄金色に見える．

11.4　最密充填と単位格子

　金属結晶では，陽イオンはどのように配置されているのだろうか．もしも，自由電子がほとんど存在できないほど二つの陽イオンが近づき過ぎると，不安定になると考えられる．つまり，陽イオンと陽イオンの適当な距離があるはずである．金属結晶はどのような構造になっているかを調べてみよう．

　陽イオンに残された内殻電子の軌道は，貴ガス元素と同じように球対称であるから，陽イオンの配置を考えるためには，ピンポン玉やビー玉のような玉を思い浮かべればよい．たとえば，あふれるくらいのビー玉を箱の中に入れて，ゆさゆさとゆすってみると，ビー玉は最も安定な配置となる．安定な配置というのはどういうことかというと，箱の中にできるだけ多くのビー玉が入っている配置である．そのためには，無駄な隙間（ビー玉の存在しない空間）をできるだけ少なくすればよい．

　どのような配置になっているかを具体的に調べてみよう．たとえば，平面的に玉をたくさん並べると，コンパスでいくつも円を描いてみるとわかるように，三つの円の中心が正三角形をつくる配置になる（**図 11.5 (a)**）．三つの円の中心には少し隙間ができるが，それは仕方がない．隙間をなくすことは無理である（9.3 節で説明したグラフェンのように正六角形ならば可能であるが…）．平面的に並んだ玉を第一層と呼ぶことにしよう．それでは，第一層の玉の上に第二層の玉を並べようとするとどうなるだろうか．実際にやっ

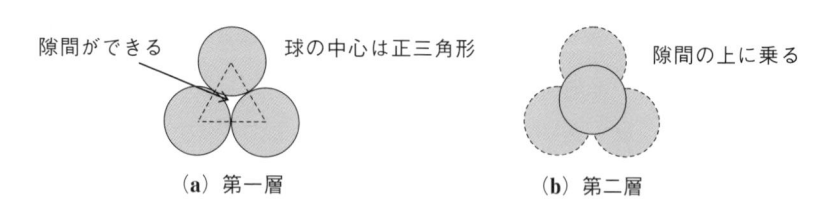

図 11.5 第一層と第二層の配置（上から見た図）

(a) 第一層：隙間ができる／球の中心は正三角形
(b) 第二層：隙間の上に乗る

てみればすぐにわかるが，さきほど説明した三つの円でできる隙間の上に乗る（**図 11.5 (b)**）．その位置が最も低いからである．そして，第二層のすべての玉を同じように並べることができ，その配置は第一層のビー玉を左右前後に少しずらしただけで，各層の中の玉同士の距離は変わらない．

それでは，第三層の玉の配置はどのようになるだろうか．第二層には第一層と同じように隙間があるから，その隙間の上に第三層の玉が乗ると考えられる．このような配置は隙間の体積が最も小さくなるので，一般的に**最密充填**という．その様子を**図 11.6**に示す．真上から見ると，第一層の玉と第三層の玉が完全に重なってしまってわかりづらいので，斜め上から見た図を描いた．また，第一層の玉を A とし，第二層の玉を B とすると，第三層には第一層の A の真上に玉がある．B の玉は第一層と第三層の 3 個ずつの A の玉と接触しているので，その単位格子は六方格子である．また，この結晶構造を**六方最密構造**といい，hexagonal closest packing の頭文字をとって **hcp 構造**と略す．六方最密構造は，9.3 節で述べた α 型グラファイトの正六角形の

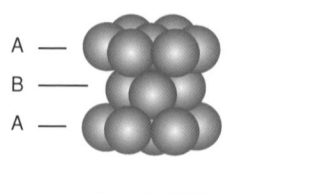

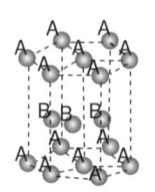

(a) 六方最密構造　　(b) 六方格子

図 11.6 六方最密構造と六方格子

中心の配置と同じである（図 9.3 (a) 参照）．あるいは，10.5 節で説明したウルツ鉱型（図 10.6 (b) 参照）のそれぞれの元素の配置と同じである．

● 11.5　金属の結晶構造と金属結合半径

　グラファイトに α 型の他に β 型があるように（9.3 節参照），六方最密構造の他に，もう一つの最密構造がある．上から見たときに，第三層の玉の位置が第一層の玉の位置と重ならない配置である（**図 11.7 (a)**）．これを **立方最密構造** といい，cubic closest packing の頭文字をとって **ccp 構造** と略す．どうして，「立方」という名前がついているかを説明しよう．立方最密構造では，第一層を A，第二層を B とすると，第三層は A でも B でもないので，C と名づけることにする．つまり，A–B–C–A–B–C– の順番で層が重なる．そして，立方最密構造の単位格子を考えると，**図 11.7 (b)** のようになる．見る方向が異なっているのでわかりにくいが，図 11.7 (b) の A で表される二つの頂点を結んだ方向が図 11.7 (a) の上下方向に対応している．この単位格子は 10.2 節で説明した面心立方格子である（図 10.2 参照）．面心立方格子を三次元方向に規則正しく並べた結晶構造なので，図 11.7 (a) を立方最密構造と呼んだのである（ccp 構造のことを，面心立方格子の face-centered cubic の頭文字をとって **fcc 構造** と呼ぶこともある）．立方最密構造は六方最密構造と同じように，隙間の体積をできるだけ小さくした陽イオンの配置であり，9.3 節で述べた β 型グラファイトの正六角形の中心の配置と同

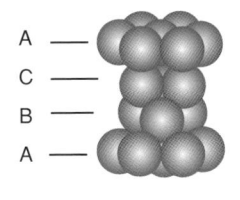

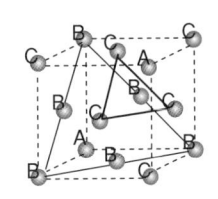

(a) 立方最密構造　　**(b)** 面心立方格子

図 11.7　立方最密構造と面心立方格子

じである（図 9.3（b）参照）．あるいは，10.5 節で説明した閃亜鉛鉱型（図 10.5 参照）のそれぞれの元素の配置と同じである．

最密充填ではないが，実際の金属の結晶構造として知られているもう一つの構造がある．それは立方体を用意して，各頂点と中心に陽イオンを置いた配置である．これを**体心立方格子**といい，その結晶構造を**体心立方構造**という．体心立方構造は body-centered cubic の頭文字をとって **bcc 構造**と略す（**図 11.8**）．

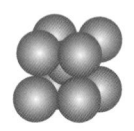

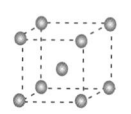

（a）体心立方構造　　　（b）体心立方格子

図 11.8　体心立方構造と体心立方格子

ほとんどの金属は，六方最密（hcp）構造，立方最密（ccp）構造，あるいは体心立方（bcc）構造のいずれかの結晶構造をとる．ただし，同じ種類の金属元素の単体であっても，高温にすると結晶構造が変わることが多い．さらに，常温，常圧でも，複数の異なる結晶構造が存在する金属元素もある．金属元素が常温，常圧でどのような構造をとるかを**表 11.1** に示す．

Li や Na などのアルカリ金属元素はすべて体心立方（bcc）構造である．第 2 族元素では，陽イオンの半径が小さい Be と Mg は六方最密（hcp）構造であるが，Ca や Sr のように陽イオンの半径が大きくなると，立方最密（ccp）構造となる．遷移金属元素では，ほとんどが hcp 構造または ccp 構造，あるいはその両方をとるが，V，Nb，Cr，Mo のように bcc 構造をとるものもある．Fe は 3 種類すべての構造をとることが知られている．

表 11.1 には金属結合半径の値も載せた．これは金属結晶の中の陽イオンと陽イオンの間の最短距離を 2 で割った値である．元素の共有結合半径（表

11.5 金属の結晶構造と金属結合半径

表 11.1 金属の結晶構造と金属結合半径

Li bcc 1.52	Be hcp 1.11										
Na bcc 1.86	Mg hcp 1.60									Al ccp 1.43	
K bcc 2.31	Ca ccp 1.97	Sc hcp 1.63	Ti hcp 1.43	V bcc 1.31	Cr bcc 1.25	Mn * 1.12	Fe ccp hcp bcc 1.24	Co ccp hcp 1.25	Ni ccp hcp 1.25	Cu ccp 1.28	Zn hcp 1.33	Ga * 1.22
Rb bcc 2.47	Sr ccp 2.15	Y hcp 1.78	Zr hcp ccp 1.59	Nb bcc 1.43	Mo bcc ccp 1.36	Tc hcp 1.35	Ru hcp 1.33	Rh ccp 1.35	Pd ccp 1.38	Ag ccp 1.44	Cd hcp 1.49	In * 1.63	Sn * 1.41

単位は Å．＊は hcp, ccp, bcc 以外の構造．

9.2) やイオン半径 (表 10.3) と同様に，同じ族では原子番号が大きくなるにつれて，金属結合半径も大きくなっている．原子番号が大きくなるにつれて電子の数が増え，主量子数 n の大きな軌道に電子が入り，内殻電子が外側に存在する確率が増えるからである．たとえば，Li ならば 1s 軌道の電子が内殻電子であるが，Na ならば 1s 軌道よりも外側に広がった 2s 軌道および 2p 軌道が内殻電子である．結果的に，Li よりも Na の金属結合半径のほうが大きくなる．

　同じ周期では，基本的には原子番号が大きくなるにつれて，金属結合半径は小さくなる．原子核の正の電荷が大きくなり，内殻電子を強く内側に引っ張り，その結果，陽イオンの半径は小さくなる．ただし，遷移金属元素の金属結合半径には，きれいな傾向が見られない．その理由は，d 軌道に入っている電子の配置が異なるからである．d 軌道の電子数が半分ぐらい (つまり，5 個ぐらい) のときに，金属結合半径は最も短く，それよりも少なくても多くても，少し長くなる．また，金属結合半径は金属がどのような結晶構造をとるかにも依存する．

演習問題

11.1 黄リン，赤リンは金属結晶か．

11.2 シリコンは金属結晶か．

11.3 金の密度を $19.32\,\mathrm{g\,cm^{-3}}$ とする．1 g の金を 1 m^2 に広げたときの金箔の厚さを求めよ．

11.4 図 11.5 (a) で半径 a の三つの円が接するときにできる隙間の面積を求めよ．

11.5 図 11.5 (a) で円の面積が占める割合（充填率）を求めよ．

11.6 Ag の金属結合半径から格子定数を求めよ．

11.7 Li の金属結合半径から格子定数を求めよ．

11.8 Be の金属結合半径から格子定数 a と格子定数 c を求めよ．

11.9 Na 金属の格子定数を 4.295 Å とする．Na の金属結合半径を求めよ．

11.10 Cu 金属の格子定数を 3.615 Å とする．Cu の金属結合半径を求めよ．

コラム

金(きん)は電気を通さない？

「お父さん，金(きん)は電気を通さないんだよ」

中学生の娘が金色の折り紙と銀色の折り紙，豆電球，導線，それに電池をもってきた．どうやら理科の時間に，電流が電子の流れであることや，金属が電気を通す性質があることを学んできたらしい．言われるままに，まず，銀色の折り紙の両端に導線を接触させると，電流が流れ豆電球は明るく輝いた．次に，金色の折り紙の両端に導線を接触させたが，豆電球はつかない．なぜだろう．化学を教えるものとしては，この非常識な現象を見過ごすことはできない．そこで，妻のマニキュアの除光液と綿棒をもってきて，金の折り紙の両端をこすってみると，なんと，そこには銀色の折り紙（アルミホイル）が現れた．どうやら金色の折り紙は，アルミホイルに絶縁性の透明樹脂塗料が塗ってあったらしい．

翌日，大学から金箔を借りてきて，金が確かに電気を通すところを娘に見せていると，妻が 18 K のネックレスをもってきた．さっそく電気を通すかどうかを試してみると，なんと豆電球はつかない．さては，このネックレスもメッキではないかと疑ってみたが，ネックレスの両端をしっかりと引っ張って試すと，豆電球はなんとかついた．どうやら今度は接触不良だったらしい．

第 12 章
水素結合と生体分子

電気陰性度の違いによって分子の中に電荷の偏りができると，分子間で相互作用するようになる．たとえば，水（H_2O）はある分子の水素と別の分子の酸素の間で結合ができる．これを水素結合という．水素結合は共有結合ほど強い結合ではないが，沸点などの物性に大きな影響を与える．また，タンパク質は水素結合によって構造が変化し，重要な機能が発揮される．この章では，強くもなく弱くもない水素結合の本質を探ることにする．

12.1 水の相変化

我々の身近にある最も重要な物質は水である．地球には大量の水があり，水に覆われた惑星であるといってもよい．地球の表面積の約 70 % が海洋であり，人間が住むことのできる陸地はわずか 30 % ほどに過ぎない．このことを考えると，最初の生命が海の中で生まれたとしても不思議ではない．我々の身体の 60〜70 % は水でできているし，水がなければ生きていくこともできない．どうして水は特別なのだろうか．他の物質とは何が違うのだろうか．

まず，すぐに気がつくことは，温度が変わると液体である水が固体になったり，気体になったりすることである．たとえば，冬の寒い時期には，液体の水は固体の氷や雪になる．また，夏の暑い時期には，水はすぐに蒸発して気体の水蒸気になる．このように同じ物質でも，気体になったり液体になったり，固体になったりする．これを**相変化**（あるいは**状態変化**）という．水の相変化は目で見たり触ったりしてもわかる．水はとても不思議で，しかし，とてもなじみの深い身近な物質なのである（図 12.1）．

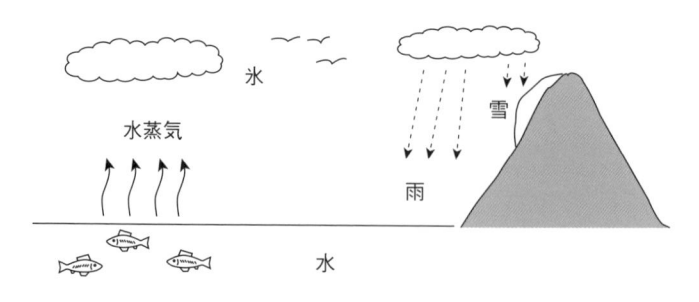

図 12.1 水は温度によって相 (状態) が変化する

身近にある水はいろいろな物理量の基準としても使われている．最も有名なものが温度である．1気圧で固体の氷が溶けて液体の水になるときの温度を 0 ℃ と定義し，液体の水が蒸発して気体の水蒸気になるときの温度を 100 ℃ と定義する．そして，その温度差を百等分した量を 1 ℃ と定義する[†1]．また，水の密度 (単位体積あたりの質量) は 4 ℃ で 1 g cm^{-3} と定義されたこともある．どうして温度を 4 ℃ と指定したかというと，水の密度が温度に依存するからである．その理由については次節で詳しく述べる．いずれにしても，水の密度は 4 ℃ で最大なので，たとえば，北国で湖の水面が凍ってしまうような真冬でも，湖底の水の温度は 4 ℃ で一定であり，魚は生き延びることができる．以上のことは，すべて，これから説明する水分子のもつある種の化学結合，すなわち，水素結合が関係している．これまでの章では分子内の化学結合について説明してきたが，この章からは分子間の化学結合について説明する．

12.2 水の水素結合ネットワーク

5.4 節で説明したように，水分子 (H_2O) は 2 個の水素と 1 個の酸素からで

[†1] 正式には，絶対零度を 0 K，そして，水の三重点 (水蒸気，水，氷が共存している状態) の温度を 273.16 K と定義する．単位の K はケルビンと読み，熱力学温度の単位である．℃ は摂氏 (セルシウス) 温度といい，温度間隔は 1 ℃ = 1 K である．

12.2 水の水素結合ネットワーク

きている．酸素は sp^3 混成軌道をつくり，水素の1s軌道との重なりによって結合性軌道と反結合性軌道ができる．そして，酸素と水素が1個ずつ価電子を出し合って，パウリの排他原理に従って電子スピンの向きを逆にして結合性

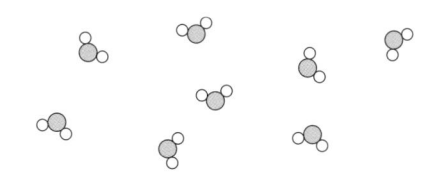

図 12.2 水蒸気（気体）では，分子が独立に運動する

軌道に入れば，それが O−H 共有結合である．H_2O 分子には O−H 共有結合が二つある．

気体である水蒸気は，この H_2O 分子が1個ずつ独立に自由に動き回っている状態のことである（図 12.2）．しかし，実をいうと，気体の水蒸気ではすべての H_2O 分子がまったく独立に自由に動き回っているわけではない．一部ではあるが，H_2O 分子が別の H_2O 分子と相互作用していることもある．どのような相互作用かというと，H_2O 分子の水素が別の H_2O 分子の酸素と化学結合する．化学結合といっても，もちろん，共有結合のような強い結合ではない．それではどのような化学結合だろうか．

すでに 4.5 節で述べたように，元素が違うと電気陰性度（表 2.2）が異なる．水素と酸素を比べると，水素よりも酸素の電気陰性度のほうが大きいので，O−H 共有結合には電気的な偏り，つまり，**結合モーメント**が生まれる．言い換えれば，酸素は少し負の電荷をもち，水素は少し正の電荷をもつ．そうすると，2個の H_2O 分子が近づくと，少し負の電荷をもつ酸素と少し正の電荷をもつ水素の間で電気的な引力が働き，共有結合よりも弱いけれども，化学結合ができる（図 12.3）．これを**水素結合**という．共有結合のエネルギー（解離エネルギー）はかなり大きくて数百

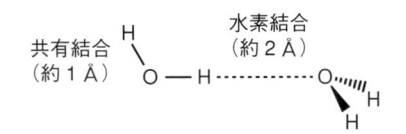

図 12.3 H_2O 分子と H_2O 分子は水素結合する

kJ mol^{-1} であり（表3.1参照），O−H結合は簡単には切れそうにないが，水素結合のエネルギーは共有結合のエネルギーのおよそ1/10であり，数十 kJ mol^{-1} である．水素結合はわずかな熱エネルギーで切れることもある．また，水素結合の結合距離（約2Å）は共有結合（約1Å）の約2倍であり，水素結合が共有結合よりもかなり弱い化学結合であることがわかる．なお，酸素の非共有電子対は，あくまでも sp^3 混成軌道の方向（ほぼ正四面体角の方向）にあるので，2個の H$_2$O 分子のすべての原子が一つの平面内にあるわけではない（**図 12.3**）．ただし，水素結合は弱いので，2個の H$_2$O 分子は水素結合をした状態で，いろいろな方向を向く．

　H$_2$O 分子には2個の水素があり，それぞれが水素結合に関与する可能性がある．また，酸素の2組の非共有電子対が水素結合に関与する可能性がある．そうすると，図12.3で示した2個の H$_2$O 分子が水素結合しても，まだ，3個の水素と3組の非共有電子対が残っているので，さらに別の H$_2$O 分子と水素結合する可能性がある．このように次々と水素結合して，数十個から数百個の H$_2$O 分子が大きな水素結合のネットワークをつくると，もはや空間を自由に動き回ることができなくなる．つまり，気体ではいられなくなる．これが液体の H$_2$O 分子の集団，つまり，水である（**図 12.4**）．

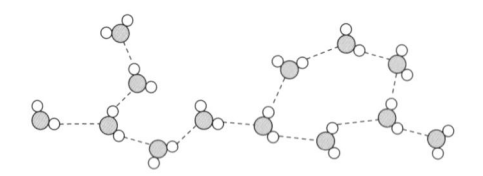

図 12.4　水（液体）では，分子がネットワークをつくる

　はじめに述べたように，液体の水を温めれば気体の水蒸気になる．温めるということは熱エネルギーを与えるということである．エネルギーを与えるということは，H$_2$O 分子と H$_2$O 分子の間の水素結合を切って，一つ一つの

12.2 水の水素結合ネットワーク

H_2O 分子を自由に運動できる状態にすることを意味する．逆に，気体の水蒸気を冷やせば液体の水になる．冷やすということは熱エネルギーを奪うということである．H_2O 分子の立場で考えれば，水素結合することによってエネルギーが下がる．エネルギーを下げるためにはエネルギーを放出しなければならない（第 1 章参照）．つまり，「冷やす（熱エネルギーを奪う）」ことによってエネルギーを放出することが可能になり，気体の水蒸気が水素結合して液体の水になる．

液体の水は，数十個から数百個の H_2O 分子が水素結合のネットワークをつくっているが，すべての水素とすべての非共有電子対が水素結合に使われているわけではない．水素結合に使われていない水素と，酸素の非共有電子対がところどころにある．そうすると，すでに述べたように，水素結合は共有結合ほど強くないので，ネットワークをつくったまま，ぐにゃぐにゃと動き回ることができる．これが液体の水の実態である．このぐにゃぐにゃと動く運動は，温度が高くなれば高くなるほど激しくなる．運動が激しくなればなるほど，ある限られた空間に存在できる H_2O 分子の数が減ることは想像できる．確かに，水の密度（単位体積あたりの質量）は温度上昇とともに減少する（図 12.5）．

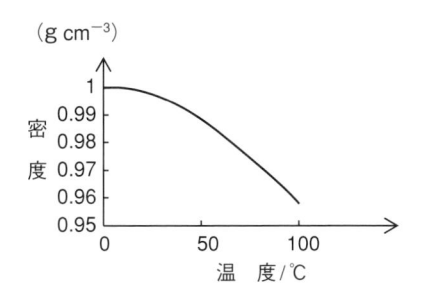

図 12.5　水の密度は温度を上げると小さくなる

12.3 氷の構造

はじめに述べたように，厳密にいえば，水の密度は 4℃ のときに極大値となり，4℃ 以下になると，わずかながら密度が下がる．つまり，同じ量の H_2O 分子が占める体積が増える．その原因は，やはり，水素結合にある．そのことを理解するためには，まず，H_2O 分子の固体である氷の構造を理解する必要がある．氷の密度は水よりも小さく約 $0.9\,\mathrm{g\,cm^{-3}}$ である．なぜだろうか．

すでに述べたように，1 個の H_2O 分子には，2 個の水素と 1 個の酸素の 2 組の非共有電子対がある．それらがすべて水素結合するとどうなるかというと，図 12.6 (a) のようなきれいな結晶構造ができる．酸素は sp^3 混成軌道をつくり，正四面体角の四つのすべての方向で水素原子と化学結合している．そのうち二つは共有結合で，残りの二つは水素結合である．どちらの水素が共有結合で，どちらの水素が水素結合かを実験的に決めることは難しいが，6 個の酸素で囲まれた空間があることがわかる．この空間があるために，固体の氷は，ぐにゃぐにゃと動き回る液体の水よりも密度が小さくなる．普通の物質は固体になったときに，このような水素結合を利用した空間をつくることはなく，固体の密度のほうが液体の密度よりも大きい．

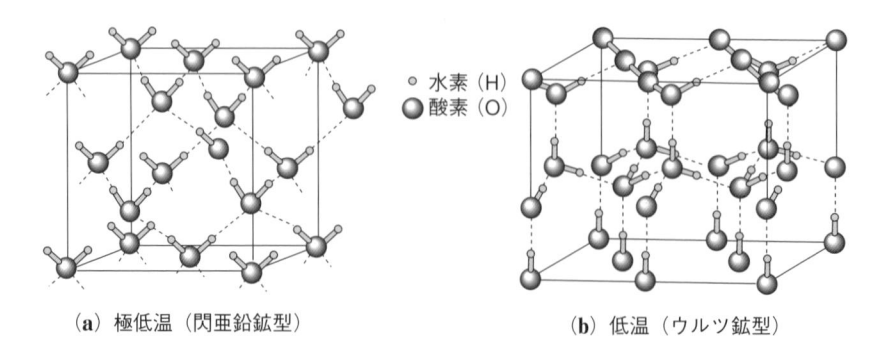

(a) 極低温（閃亜鉛鉱型）　　(b) 低温（ウルツ鉱型）

図 12.6　氷の結晶構造は温度によって変化する

図 12.6 (a) で示した氷の酸素の配置は，ダイヤモンドの結晶構造 (図 9.7) と同じである．ただし，ダイヤモンドは水素結合ではなく共有結合である．あるいは，閃亜鉛鉱型 (図 10.5 参照) の両方の元素 (Zn と S) を，酸素で置きかえた結晶構造である．液体の水からは想像がつかないが，氷もダイヤモンドと同じような結晶構造をしているので，とても硬く，氷で手を切ってけがをすることもある．

実をいうと，ダイヤモンドと同じ結晶構造をした図 12.6 (a) の氷は，極低温でのみ見られる構造である．普段，我々が目にしている氷の結晶構造は，水素結合の方向が少しゆがんでいる (**図 12.6 (b)**)．これはウルツ鉱型 (図 10.6 参照) の両方の元素 (Zn と S) を，酸素で置き換えた結晶構造である．ウルツ鉱型になっても，6 個の酸素がつくる空間があることに変わりはない．0 ℃ 〜 4 ℃ では，固体の氷が融けて液体の水になっても，水素結合でできる空間が少し残っているので，密度が $1\,\mathrm{g\,cm^{-3}}$ よりも少し小さくなる．これが 4 ℃ で水の密度が最大となる理由である．

● 12.4　物質の溶解度と沸点

水 (H_2O) で代表される水素結合は，O−H 結合の酸素の電気陰性度が水素よりも大きいために，水素が少し正の電荷をもつことによってできる化学結合である．メタノール (CH_3OH) やエタノール (C_2H_5OH) などのアルコール類や，ギ酸 ($HCOOH$) や酢酸 (CH_3COOH) などの酸類も O−H 結合をもっているので，水と同じように水素結合する．たとえば，酢酸の場合には O−H 基の酸素ではなく，負の電荷の大きいカルボニル基 (C=O) の酸素が水素結合に関与する (**図 12.7**)．カルボニル基の酸素は，平面状に広がる sp^2 混成軌道で二重結合をつ

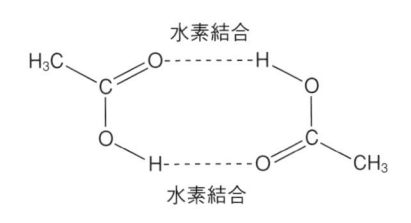

図 12.7　酢酸の二量体は水素結合で環をつくる

くっているので(8.1節参照)，カルボキシ基(−COOH)のすべての原子が一つの平面内に存在する．そして，2個の酢酸分子のO−H基が，相手のC=O基との間で二つの水素結合をつくり，一つの平面内で合計8個の原子が環をつくる．

水はいろいろな物質を溶かすという性質もある．水を溶媒とする溶液のことを**水溶液**と呼ぶ．どうして，水がいろいろなものを溶かすかというと，これも水素結合が関与している．溶けるという現象は，溶質と溶媒が相互作用するという意味だからである．たとえば，エタノール(C_2H_5OH)は水にいくらでも溶ける．エタノールは水とともにO−H結合をもっているからである．H_2O分子とH_2O分子が水素結合するように，H_2O分子とC_2H_5OH分子が水素結合するので，エタノールは水に溶ける．逆に，水素結合しない物質は水に溶けない．たとえば，メタン(CH_4)はO−H結合がなくC−H結合のみである．炭素と水素の電気陰性度にはそれほど差がないので，メタンには電気的な偏りがほとんどない．したがって，H_2O分子とCH_4分子は水素結合することはなく，メタンは水にほとんど溶けない(第13章参照)．

また，O−H以外にN−HやF−Hなどの水素も水素結合する．共有結合をつくる2種類の元素の電気陰性度が違えば違うほど，水素は大きな正の電荷をもって強く結合するから，フッ化水素(HF)が最も強く水素結合する

表12.1 共有結合と水素結合の結合エネルギーの比較

二原子分子	共有結合エネルギー	水素結合の種類	水素結合エネルギー
HF	570	F−H……F	~160
OH	420	O−H……N O−H……O	~30 ~20
NH	320	N−H……N N−H……O	~10 ~8

単位は $kJ\ mol^{-1}$．

(**表12.1**). また，水素が水素結合する相手も酸素とは限らない. 酸素と同じように非共有電子対（孤立電子対）をもつ元素ならば水素結合する. たとえば，窒素やフッ素との間でも水素結合する. これに対して，メタンなどの炭素は非共有電子対をもたないので，水素結合することはほとんどない. ただし，グラフェンが π-π 結合してグラファイトができたように（9.3節参照），π電子をもつ炭化水素では，π電子を利用して，弱いながらも水素結合することもある.

物質の沸点は，水素結合で代表される分子と分子の間に働く力, すなわち，**分子間力**と関係している. 12.2節で説明したように，固体が液体になったり，液体が気体になったりするということは，分子と分子との間の結合を切って，分子が自由に運動できるようになることである. そうすると，水素結合が強ければ，融点や沸点が高くなることが予想される. 炭化水素，アミン類, アルコール類の沸点を **表12.2**で比較した. まず，メタンを代表とする炭化水素は水素結合しないので，沸点がかなり低い. それに比べると，アンモニアやアミン類は N−H 結合と非共有電子対をもち，水素結合するので沸点が高くなる. 水やアルコール類は酸素が2組の非共有電子対をもつので，水素結合の数が増え，アンモニアやアミン類よりも，さらに沸点が高くなる. なお，アミン類でもアルコール類でも，分子量が大きくなるにしたがって気化しにくく，沸点は高くなる（疎水結合については第13章で詳しく説明する）.

表12.2 代表的な化合物の沸点の比較

分子	沸点	分子	沸点	分子	沸点	分子	沸点
CH_4	−161.49	CH_3-CH_3	−89	$C_2H_5-CH_3$	−42.07	$C_3H_7-CH_3$	−0.50
NH_3	−33.4	CH_3-NH_2	−6.32	$C_2H_5-NH_2$	16.6	$C_3H_7-NH_2$	49.7
H_2O	100.0	CH_3-OH	64.65	C_2H_5-OH	78.32	C_3H_7-OH	97.15

単位は℃.

12.5 生体分子と水素結合

　水素結合は共有結合に比べると弱い結合なので，切れやすくて役に立たないと思うかもしれないが，そうではない．我々の身体の中では，あらゆるところで水素結合が活躍している．どういうことかというと，共有結合は生体分子の硬くて丈夫な骨格をつくる化学結合であるが，その柔軟性や機能性を発揮するのが水素結合である．

　知っていると思うが，タンパク質はたくさんのアミノ酸がつながった高分子である．アミノ酸は炭素にカルボキシ基（$-$COOH）とアミノ基（$-$NH$_2$）が結合していて，二つのアミノ酸の間で脱水反応が起こると，**アミド結合**（$-$NH$-$CO$-$）ができる．タンパク質のアミド結合のことをとくに**ペプチド結合**という．たくさんのアミノ酸がペプチド結合して，たくさんのアミド基ができれば，たくさんの$-$NH基とたくさんの$-$CO$-$基ができるので，タンパク質の中ではたくさんの水素結合ができる可能性がある．もちろん，タンパク質が単に直線的に並んでいたら水素結合はできそうにないが，7.3節で説明したように，単結合の周りにはいくつかの安定な配座があるので，それらをうまく組み合わせると，タンパク質の中でいろいろな水素結合ができるようになる．

　タンパク質内の代表的な水素結合を図**12.8**に示す．一つはタンパク質の主鎖（アミド結合）が「らせん階段」のようなα**ヘリックス構造**である．もう一つはタンパク質の主鎖が平行になった構造で，β**シート構造**という．βシート構造には同じ向きに並ぶ**平行βシート構造**と，反対の向きに並ぶ**逆平行βシート構造**の2種類がある（演習問題12.10参照）．

　タンパク質の骨格は共有結合でできているので，ちょっとした熱エネルギーで壊れることはない．一方，水素結合は，温度や酸性度などのちょっとした状況の変化で切れたり結合したりして，タンパク質の立体構造を変えることができる．まさに，水素結合のおかげでタンパク質に柔軟性が生まれ，タンパク質に機能性が生まれる．同じように水素結合が重要な役割を果たし

12.5 生体分子と水素結合

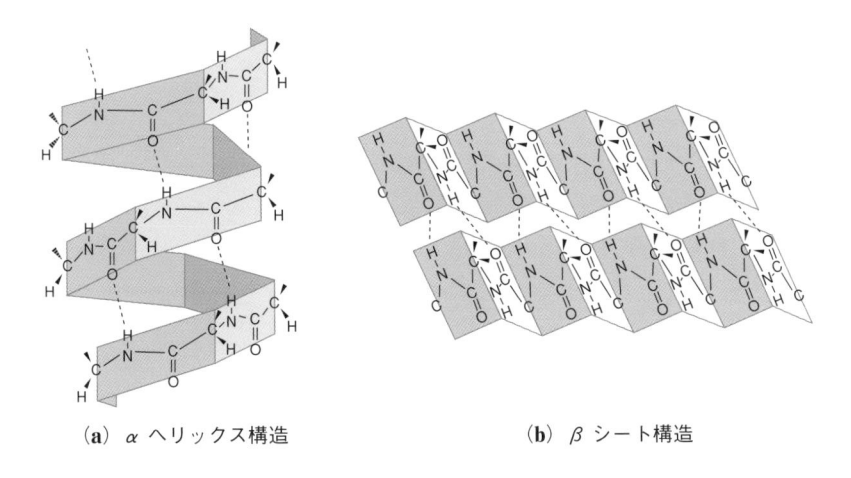

(a) α ヘリックス構造　　**(b)** β シート構造

図 12.8　水素結合によるタンパク質の部分構造

ている生体分子が，遺伝情報の伝達を担っているデオキシリボ核酸（DNA）である．DNA は塩基，糖，およびリン酸基部分からできていて，塩基にはアデニン（A），グアニン（G），シトシン（C），チミン（T）の4種類がある．それぞれの塩基には C=O 基や NH 基や NH_2 基などがあり，A と T は2か所で，G と C は3か所で水素結合する（図 12.9）．そして，遺伝情報を伝えるときには水素結合を切って，それぞれが新たな相手と水素結合することによって，DNA 二重らせんを複製する．

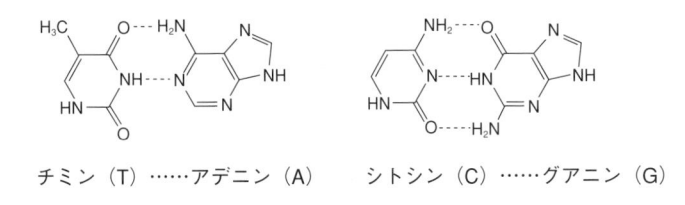

チミン（T）……アデニン（A）　　シトシン（C）……グアニン（G）

図 12.9　DNA の塩基対は水素結合している

演習問題

12.1 温度を定義する摂氏（℃）と熱力学温度（K）の関係を求めよ．

12.2 雪と氷の違いを化学結合論的に説明せよ．

12.3 氷はどうして水に浮くのか，その理由を説明せよ．

12.4 H_2O 分子の水素結合と D_2O 分子の水素結合では，どちらが強いか．

12.5 HF 分子の二量体の構造はどのようになっているか．

12.6 NH_3 分子の二量体の構造はどのようになっているか．

12.7 H_2O 分子の三量体が環構造をしているときの原子配置を調べよ．

12.8 カテコール（1,2-ジヒドロキシベンゼン）とヒドロキノン（1,4-ジヒドロキシベンゼン）の水に対する溶解度を比較せよ．

12.9 カテコールとヒドロキノンの沸点を比較せよ．

12.10 タンパク質の部分構造である逆 β シート構造の水素結合と原子配置を調べよ．

● コラム

プロ野球でも突然変異

分子生物学の進歩は目覚しく，かなり複雑な DNA の核酸塩基配列なども，たやすく解明されるようになってきた．その中には，見ていて楽しくなるような配列もある．たとえば，ウシの心臓のミトコンドリアに関係した DNA の第 214 番目からの配列は，以下のとおりである．

$$\overrightarrow{\text{G-T-T-G-T-C}}\overleftarrow{\text{-T-G-T-T-G}}$$

これは「たけやぶやけた」でおなじみの回文的配列である．

少し古い話になるが，1980 年代のプロ野球のセントラルリーグの優勝チームを同じように並べてみた．

$$\overrightarrow{\text{C-G-D-G-C}}\overleftarrow{\text{-T-C-G-D-G}}\text{-(C)}$$

1985 年の阪神の優勝を折り返し点として，やはり回文的配列となっていることがわかる．ただし，1990 年に広島が優勝すれば完璧だったのだが，残念ながら巨人が優勝してしまった．どうやら，突然変異はどこにでもあるということのようだ．

第13章
疎水結合と界面活性剤

　分子と分子を結びつける結合には，水素結合とは対照的な疎水結合がある．疎水結合は炭化水素同士の結合であり，その代表が油脂である．界面活性剤は水素結合と疎水結合の両方をもつ両親媒性の分子である．両親媒性の分子を水に溶かすと，疎水性部位が疎水結合して分子膜ができる．たとえば，細胞膜はレシチンのようなリン脂質を材料とする層状の分子膜である．この章では，分子膜の構造と性質を系統的に探ることにする．

13.1　水と油

　第12章では，水素結合によってタンパク質の部分構造が決まると説明した．しかし，タンパク質全体の形は水素結合だけで決まるわけではない．電気的な偏りをもつ部分の静電引力による結合とは対照的に，メチル基やエチル基などの炭化水素基のように，水素結合しない部分同士が集まるという性質がある．どういうことかというと，たとえば，水溶性のタンパク質を水に溶かすと，水素結合する部分はタンパク質の表面で溶媒の H_2O 分子と水素結合するが，逆に，水素結合しない部分は H_2O 分子から逃げるようにタンパク質の内側に集合する．水素結合する部分を**親水性**（hydrophilic）部位といい，水素結合しない部分を**疎水性**（hydrophobic）部位という．まるで疎水性部位同士が結合しているかのように見えるので，この結合を**疎水結合**という．水素結合だけでなく疎水結合も含めて，タンパク質の立体構造（これをタンパク質の**折りたたみ**（folding）という）が決まると考えてよい．

　親水性と疎水性を理解するためには，「水」と「油」を思い浮かべればよい．水については第12章で詳しく説明した．油は，一般に，主鎖の長い（炭素数

```
            CH₂-OH
            |
            CH-OH
            |
            CH₂-OH

            グリセリン
```

CH₃(CH₂)₁₂COOH   CH₃(CH₂)₇CH=CH(CH₂)₇COOH
　ミリスチン酸（54℃）　　　　　　　　オレイン酸（13℃）

CH₃(CH₂)₁₄COOH   CH₃(CH₂)₄CH=CHCH₂CH=CH(CH₂)₇COOH
　パルミチン酸（63℃）　　　　　　　　リノール酸（-5℃）

CH₃(CH₂)₁₆COOH   CH₃CH₂CH=CHCH₂CH=CHCH₂CH=CH(CH₂)₇COOH
　ステアリン酸（70℃）　　　　　　　α-リノレン酸（-11℃）

　　飽和脂肪酸　　　　　　　　　　　　不飽和脂肪酸

図 13.1　グリセリンと代表的な脂肪酸の化学式および融点

の多い) 炭化水素の酸 (これを**脂肪酸**という) とグリセリン (**図 13.1**) が, 三つの**エステル結合**した化合物のことである. 植物の油や魚の油のように常温で液体の油は「油」と書き, 肉の脂のように常温で固体の油は「脂」と書くことになっていて, 両者をあわせて**油脂**という. どうして液体になったり固体になったりするかというと, 油脂を構成する脂肪酸の**飽和度**が違うからである. オレイン酸やリノール酸のような二重結合を含む脂肪酸, すなわち, **不飽和脂肪酸**を多く含むときには液体の油になり, パルミチン酸やステアリン酸のような**飽和脂肪酸**を多く含むときには, 固体の脂になることが多い. どうして不飽和脂肪酸のほうが飽和脂肪酸よりも融点が低いかというと, 不飽和脂肪酸は二重結合の周りでシス形をとり (8.5 節参照), 分子全体の形が丸まって<u>分子内</u>の疎水結合が増え, <u>分子間</u>の疎水結合が小さくなるからである. たとえば, 炭素数が 18 個の脂肪酸の融点を比べてみると, ステアリン酸は

70℃，二重結合を一つ含むオレイン酸は13℃，二重結合を二つ含むリノール酸は−5℃，二重結合を三つ含むα-リノレン酸は−11℃であり，二重結合の数が増えるにしたがって分子間の疎水結合が小さくなり，融点は低くなる．また，飽和脂肪酸同士を比べると，炭素数が増えるにつれて分子間の疎水結合が強くなり，融点は高くなる．なお，脂肪酸そのものはカルボキシ基（COOH）があるので水素結合するが，油脂は脂肪酸とグリセリンがエステル結合しているために水素結合するO−H基がなく，油脂全体としては疎水性であると考えてよい．

● 13.2 水の表面張力

　物質には，水のような親水性と油脂のような疎水性の両方の性質をもつものもある．水と油脂の両方になじむ性質を**両親媒性**（amphiphilic）という．両親媒性の物質の最も代表的な例が**界面活性剤**である．界面活性剤について説明する前に，まず，**界面**と**表面張力**について理解しておこう．

　界面とは，固体と液体の境目とか，液体と気体の境目とか，固体と気体の境目など，物質の状態が異なる領域の境目のことである．たとえば，コップに水を入れて，こぼれる寸前の液体と気体の界面の様子を分子レベルで模式的に描くと，**図 13.2 (a)** のようになる．液体の中にある H_2O 分子は，四方八方にある周りの H_2O 分子と水素結合して，お互いに引っ張り合っている．それでは液体と気体の界面にある H_2O 分子はどうだろうか．この場合には，

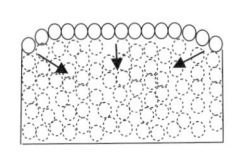

(a) コップの水は盛り上がる　　(b) 朝露は丸くなる

図 13.2 表面張力は分子と分子の相互作用の方向性から生まれる

界面の上の方向にある H_2O 分子は気体になって自由に動き回っているので，界面にある H_2O 分子を水素結合で上に引っ張ることはない．つまり，界面にある H_2O 分子は，横方向や下方向だけから別の H_2O 分子によって引っ張られ，液体の中心に向かって集まろうとする．コップの壁に接した H_2O 分子も同様である．内側の H_2O 分子に引っ張られて液体の中心に向かって集まろうとする．液体の表面で働くこの力のことを**表面張力**という．表面張力の単位は単位長さ当たりの力（$N\,m^{-1}$）である．コップにそっと水を入れたときに，コップの高さよりも高く水を入れることができるのも，葉っぱの表面で朝露が丸まっているのも，表面張力が原因である．

すでに第 12 章で説明したように，水は水素結合が強く，凝集しようとする力が強い．また，水素結合は温度に関係していて，4℃ よりも温度が高くなるにつれて，H_2O 分子の運動が激しくなって水素結合が弱くなる．その結果，一定の空間（体積）に存在できる H_2O 分子の数が少なくなるので，水の密度は温度とともに減少した（図 12.5）．そうすると，水素結合が関係している表面張力も，温度に依存することが予想される（**図 13.3**）．水の表面張力は密度と同様に，温度が上がるとともに小さくなっている．

表面張力は水素結合などの分子間相互作用の強さに依存する物理量であるから，物質によっても異なる．常温で液体の物質では，金属である水銀

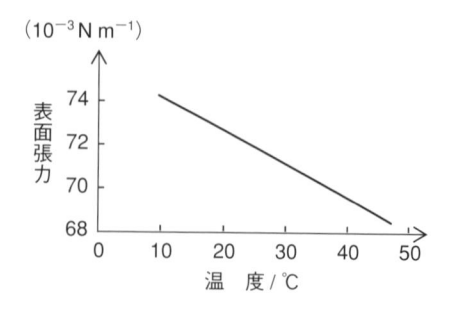

図 13.3 水の表面張力は温度が上がると小さくなる

表 13.1　代表的な液体の表面張力 (25 ℃)

H_2O	72.1				
HCOOH	37.1	CH_3COOH	27.1	C_2H_5COOH	26.2
CH_3OH	22.1	C_2H_5OH	22.0	C_3H_7OH	23.3
$C_2H_5NH_2$	19.2	$C_3H_7NH_2$	21.8	$C_4H_9NH_2$	23.4
CH_3OCH_3	11.3	$C_2H_5OC_2H_5$	16.7	$C_3H_7OC_3H_7$	20.0

単位は $10^{-3}\,\mathrm{N\,m^{-1}}$.

($476 \times 10^{-3}\,\mathrm{N\,m^{-1}}$) を除けば，水が最も大きい（**表 13.1**）．その次に表面張力の大きい物質は酸であるが，その大きさは水の値の約半分である．アルコールやアミンの表面張力は酸よりも小さく，エーテルよりは大きい．

◉ 13.3　両親媒性と洗剤

　液体の表面張力を大きく変える物質が界面活性剤である．界面活性剤は水のような親水性部位と，炭化水素のような疎水性部位をもつ両親媒性の物質であり，水にも油脂にもなじむという性質がある．界面活性剤は親水性部位の種類によって，四つに分類することができる．**陰イオン界面活性剤，陽イオン界面活性剤，両性界面活性剤，非イオン界面活性剤**の 4 種類である．陰イオン界面活性剤の典型的な例は，単なる飽和脂肪酸のカリウム塩である．たとえば，$C_{12}H_{25}COO^-K^+$ は，飽和炭化水素である $C_{12}H_{25}$ 基の部分で油脂と疎水結合し，COO^- 基の部分で水と水素結合する．水溶液にしたときに陰イオンになっているので，陰イオン界面活性剤という．一方，陽イオン界面活性剤には第四級アンモニウム塩などがある．たとえば，$C_{12}H_{25}N(CH_3)_3^+Cl^-$ は $C_{12}H_{25}$ 基の部分で油脂と疎水結合し，正の電荷をもつ窒素が水と水素結合する．水溶液にすると陽イオンになるので，陽イオン界面活性剤と呼ばれる．$C_{12}H_{25}NH_2^+CH_2COO^-$ のように，COO^- 基と第四級アンモニウムの両方をもつ界面活性剤もある．この場合には，水溶液にしたときに窒素が陽イオンに

なり，COO$^-$基が陰イオンになるので，両性界面活性剤という．主鎖がエーテルのアルコールは，分子の中のどこもイオンになっていないので，非イオン界面活性剤である．その例としては$C_{12}H_{25}(OCH_2CH_2)_5OH$がある．水溶液にしても陰イオンにも陽イオンにもならないが，$C_{12}H_{25}$基の部分で油脂と疎水結合し，OH基の部分で水と水素結合するので両親媒性を示す．

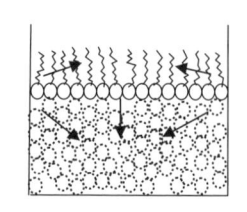

図 13.4 水の表面張力は界面活性剤で小さくなる

界面活性剤にはいろいろな優れた性質がある．名前からわかるように，その性質の代表的な例が界面を活性化する性質である．たとえば，界面活性剤を水に溶かすと，水の表面張力がどうなるかを考えてみよう．図 13.4 に示したように，界面活性剤の親水性部位（図では○で示す）は水と水素結合するので，水の存在する下方向を向く．一方，界面活性剤の疎水性部位（図ではジグザグの線で示す）は，水の存在する下方向を嫌って上方向を向く．その結果，界面活性剤は水の表面に並ぶ．これを**単分子膜**という．水は水素結合などの分子間相互作用があるので，表面張力によって丸くなろうとする．しかし，界面活性剤の疎水性部位にある炭化水素は，疎水結合によってお互いに離れないようにくっついていようとする．その結果，水が丸くなろうとする力，すなわち，水の表面張力は小さくなる．

洗濯するときの衣服の洗剤や台所の食器の洗剤などは，界面活性剤の性質をうまく利用している．もしも，衣服や食器についた汚れが水溶性ならば，水に流すだけでよい．衣服や食器の汚れなどは水と水素結合して，一緒に流れ出てきれいになる．それでは油性の汚れはどうしたらよいか．もちろん，沸点の高い工業ガソリンのような液体の油で洗えば，油性の汚れは疎水結合によって油に溶け込み，きれいになると予想される．しかし，今度は水溶性の汚れがきれいにならないし，残った油を取り除くことも難しい．そこで，洗剤として考え出されたものが，水にも溶けるし，油脂も溶かす界面活性剤で

ある．水に界面活性剤を溶かして油脂の汚れをとるときの模式図を**図13.5**に示した．界面活性剤の疎水性部位は油脂と仲がよいから，汚れの油脂と疎水結合する．一方，界面活性剤の親水性部位は，水と水素結合するために汚れの油脂とは逆の方向を向く．界面活性剤は仲の悪い水と油のための仲裁役を引き受けている．

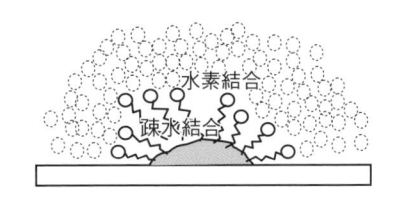

図 13.5 油脂の汚れは界面活性剤と疎水結合して水に溶ける

このようにして，たくさんの界面活性剤が汚れの油脂と疎水結合すると，まるで汚れの油脂の表面が親水性になったようなものである．汚れの油脂は水に溶けなくても，界面活性剤で覆われた汚れの油脂は容易に水に分散し，洗い出されてきれいになる．界面活性剤が衣服や食器などの洗剤として使われる所以である．

13.4 ミセルの構造

界面活性剤を水に溶かすと水の表面に並ぶので，表面張力が小さくなることを 13.3 節で説明した．水の表面のすべてが界面活性剤で覆われてから，さらに，たくさんの界面活性剤を加えるとどうなるだろうか．界面活性剤は疎水性部位だけでなく親水性部位をもつから，水に溶けることができる．界面活性剤の量がそれほど多くないときには，水の中でばらばらに存在するかもしれない．しかし，ばらばらで存在するよりも，界面活性剤の疎水性部位同士が疎水結合したほうが，エネルギーが低くて安定なはずである．このように，界面活性剤同士が水中で疎水結合した分子集合体のことを**ミセル**という．また，ミセルができ始めるときの濃度を**臨界ミセル濃度** (CMC) という (CMC は critical micelle concentration の略)．代表的な界面活性剤の臨界ミセル濃度を**表 13.2** に示す．陰イオン界面活性剤や陽イオン界面活性剤に比べて，両性界面活性剤や非イオン界面活性剤のほうが，ミセルをつくりやす

表 13.2　界面活性剤の種類と臨界ミセル濃度

界面活性剤の種類	界面活性剤の例	臨界ミセル濃度
陰イオン界面活性剤	$C_{12}H_{25}COO^-K^+$	0.01
陽イオン界面活性剤	$C_{12}H_{25}N(CH_3)_3^+Cl^-$	0.02
両性界面活性剤	$C_{12}H_{25}NH_2^+CH_2COO^-$	0.002
非イオン界面活性剤	$C_{12}H_{25}(OCH_2CH_2)_5OH$	0.00005

単位は mol dm^{-3}.

いことがわかる．

　界面活性剤の濃度によって，ミセルはいろいろな形になる．CMC 付近の薄い濃度のときには，単に数個の分子が疎水性部位で疎水結合して，数個の分子が並んだミセルができる．これを**小型ミセル**という（**図 13.6 (a)**）．さらに濃度を高くすると，50 個から 100 個の分子が集合体をつくり，形が球状になる．これを**球状ミセル**という（**図 13.6 (b)**）．ミセルを構成するすべての分子の疎水性部位が集まって球をつくり，親水性部位が球の表面に集まる．さらに濃度が高くなると，今度は円筒状のミセルができたりする．もちろん，ミセルの内部は疎水性部位が集まっており，油脂を溶かす性質がある．

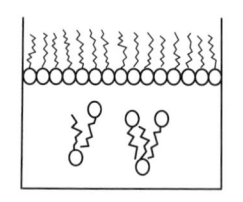

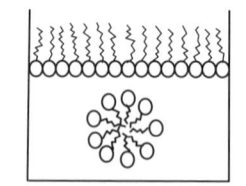

(a) 小型ミセル　　　　(b) 球状ミセル

図 13.6　ミセルは濃度によって形が変わる

　さらに濃度を高くすると，二つの単分子膜が反対向きになって，疎水性部位同士が疎水結合すると**二分子膜**ができる（**図 13.7 (a)**）．二分子膜は単分

(a) 二分子膜　　　(b) ベシクル

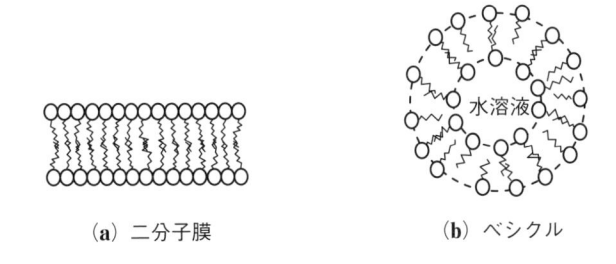

図 13.7　二分子膜が丸くなると，ベシクルができる

子膜で球状ミセルができたように，丸くなることもある（図 13.7 (b)）．球状の二分子膜のことを**ベシクル**という．球状ミセルは球の内側に疎水性部位が集まって油脂を溶かすが，ベシクルの中心部分は親水性部位が集まっているので，水溶液を蓄えることができる．

13.5　リポソームと細胞膜

レシチン（フォスファチジルコリン）は，動物，植物，酵母やカビ類など，天然に広く存在する**リン脂質**である．レシチンの分子構造を図 13.8 に示す．レシチンはオレイン酸（$C_{18}H_{34}O_2$）とパルミチン酸（$C_{16}H_{32}O_2$）がグリセリンとエステル結合し，グリセリンの残りの一つの OH 基がリン酸とエステル結合し，さらにリン酸に第四級アンモニウムであるコリンが共有結合した化合物である．2 本の炭化水素鎖が疎水性部位である．また，陰イオンになって

オレイン酸部分　　　　　　　　　　グリセリン部分
パルミチン酸部分　　　　　　　リン酸部分　コリン部分

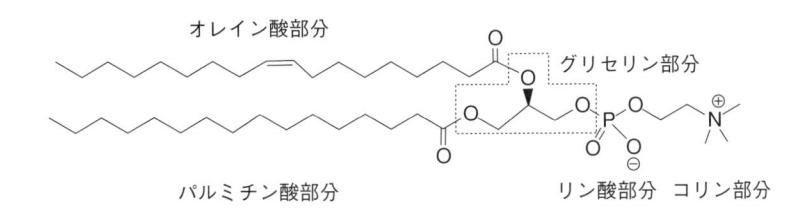

図 13.8　レシチンの構造

いるリン酸エステル基と，陽イオンになっているコリン部分が親水性部位であり，両親媒性分子である．したがって，界面活性剤で説明したように，レシチンは層状二分子膜やベシクルを形成する．レシチンなどの天然リン脂質から構成されるベシクルのことをとくに**リポソーム**という．リポソームの内側の水溶液に，スクロースやグルコースなどの糖を人工的に溶かしたり，インスリンなどを溶かしたりして，生体反応機構の解明に利用されている．

レシチンからできる層状の二分子膜は，生体分子としても重要である．我々の身体は無数の細胞からできているが，細胞の内部と外部の境目として細胞膜がある．細胞内部の細胞核や小胞やミトコンドリアなどの重要な構成要素が細胞の外に出ないように，細胞膜はしっかりしたものでなければならない．しかし，あまりにも硬くて，しっかりし過ぎていると困ることがある．細胞膜は細胞の内側と外側を区別する単なるしきりではなく，細胞内外のイオンや低分子の出し入れも行わなければならない．そのためには，レシチンなどからなる層状の二分子膜がまさに適している．層状の二分子膜は共有結合のような強い結合でできているわけではない．弱い疎水結合でできていて，その構造は柔らかく，ゆらぐことができる．そのおかげで，細胞膜は窒素（N_2）や酸素（O_2），水（H_2O）や二酸化炭素（CO_2）などの低分子を自由に透過させることができる．しかし，特定のイオンだけを透過させたり，ブドウ糖のような大きな分子を透過させたりすることはできない．イオンは細胞膜の親水性部位に近づくことはできても，疎水性部位を通り抜けることはできないからである．

細胞外の特定のイオンや大きな分子を取り入れたり，細胞内のイオンや分子を排出したりするために，細胞膜に結合したタンパク質（**膜タンパク質**）が重要な役割を果たす．結合しているといっても共有結合のような強い結合ではない．水素結合と疎水結合を利用して，リン脂質からできている細胞膜とゆるく結合し，細胞膜も膜タンパク質もある程度自由に動いている．まるで細胞膜の海の中で，膜タンパク質が泳いでいるようなものである．

13.5 リポソームと細胞膜

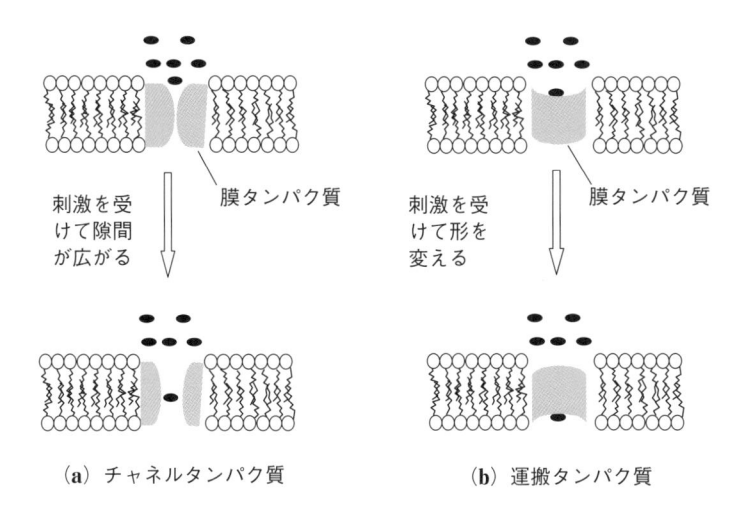

図 13.9 膜タンパク質の働き（模式図）

(a) チャネルタンパク質　　(b) 運搬タンパク質

膜タンパク質にはいろいろな種類のものがある．そのうちの代表的なものが**チャネルタンパク質**と**運搬タンパク質**である（**図 13.9**）．チャネルタンパク質は弁のついた管のようなものである．ナトリウムイオンを通すナトリウムチャネルや，カルシウムイオンを通すカルシウムチャネルなどが知られている．細胞内外で電位差ができたり，電気的な刺激を受けたりすると，チャネルタンパク質の内径が広がり，細胞内外の濃度勾配にともなって，ナトリウムイオンやカルシウムイオンが，タンパク質を構成するアミノ酸の親水性の側鎖に沿って，細胞膜の外から中へ通り抜ける．一方，運搬タンパク質はイオンや分子と水素結合して，その形や向きを変えることによってイオンや分子を細胞内に取り込む．カリウムチャネルなどが知られている．運搬タンパク質は生体内のエネルギーを使って，細胞内外の濃度勾配に逆らって，細胞内のイオンを細胞外に排出することもできる．例としては，ナトリウムイオンを排出するナトリウムイオンポンプなどが知られている．

演習問題

13.1 ステアリン酸とラウリン酸 ($CH_3(CH_2)_{10}COOH$) のどちらの融点が高いか．

13.2 塩(しお)を水に溶かすと，表面張力は大きくなるか小さくなるか．

13.3 ヘキサンとベンゼンでは，どちらの表面張力が大きいか．

13.4 身近で表面張力が原因となる自然現象を捜せ．

13.5 $C_8H_{17}NH_3^+Cl^-$ は陽イオン界面活性剤か，陰イオン界面活性剤か，それとも両性界面活性剤か．

13.6 洗剤以外で，界面活性剤はどのように身近で利用されているか．

13.7 $C_8H_{17}SO_4^-Na^+$ と $C_{18}H_{37}SO_4^-Na^+$ では，どちらの疎水結合が大きいか．

13.8 4層からなる分子膜を模式的に描け．

13.9 4層からなる多重膜ベシクルを模式的に描け．

13.10 ラメラ構造とは何かを調べよ．

コラム

ドライクリーニング

「ドライ」を英語の辞書で引くと，形容詞では「乾いた」，動詞では「乾かす」という意味がある．たとえば，ドライカレーは普通のカレーに比べて，ぱさぱさして乾いている．まさにドライなカレーである．

汚れた衣服などをきれいにしてもらうために，クリーニング屋さんにもっていくことがある．最初に「ドライクリーニング」という文字を見たときには，とても驚いた．クリーニングなのだから，洗って乾かしてくれるのは当たり前だと思っていたのに，わざわざドライクリーニングと書いてある．そうすると，普通のクリーニングは湿ったまま渡され，自分で干して乾かせというのか．

ドライクリーニングのドライとは，水を使わないクリーニングのことらしい．水と界面活性剤（洗剤）を使うのではなく，溶媒として液体の有機物を使う．確かにこれならば，水を使ったクリーニングに比べて，油脂の汚れをよく落とす．以前はテトラクロロエチレンなどのハロゲン化炭素が使われたが，環境に悪いということで，現在は工業ガソリンが使われることが多い（初留温度は150℃以上）．それにしても，ドライクリーニング以上に驚かされたのが，「ドライアイス」である．「乾いた氷」のことかと思った．

第 14 章
ファンデルワールス結合と分子結晶

分子と分子の結合には，水素結合の他にファンデルワールス結合がある．ファンデルワールス力には，分子の永久双極子モーメントが関係する相互作用，双極子モーメントや四極子モーメントが誘起されることによって生じる相互作用などがある．誘起された双極子，四極子の相互作用による力を分散力という．この章では，ファンデルワールス結合のエネルギーが分子間の距離によってどのように変化するかを，系統的に探ることにする．

14.1 二酸化炭素の相変化

第 12 章では，水の状態が温度によって変化することを説明した．固体の氷はダイヤモンドと同じような結晶構造をしていて，熱エネルギーを与えて温度を上げると，ぐにゃぐにゃと動き回る液体の水になった．また，水素結合のネットワークをつくる液体の水に熱エネルギーを与えて温度を上げると，一つ一つの H_2O 分子が自由に動き回れるようになって，気体の水蒸気になった．逆に温度を下げれば，気体の水蒸気は液体の水になり，液体の水は固体の氷になる．それでは，水以外の物質の状態はどのように変化するだろうか．

たとえば，大気中にわずかに含まれている気体の二酸化炭素（CO_2）を考えてみよう．気体の二酸化炭素のことを**炭酸ガス**ともいう．ほとんどの人は液体の二酸化炭素を見たことがないと思うが，実をいうと，炭酸ガスも液体になる．ただし，炭酸ガスを液体にするためには温度を変えるだけではだめで，圧力も変えなければならない（詳しくは熱力学に関する参考書（p.169）を参照）．炭酸ガスを室温で液体にするためには，数気圧の圧力をかける必要がある．化学実験室などにある炭酸ガスのボンベの中では数気圧がかかってい

て，液体の二酸化炭素が入っているが，残念ながら目で見ることはできない．

　大気圧下で炭酸ガスの温度を下げていくとどうなるかというと，液体にはならずに，いきなり真っ白な固体になる．この固体は我々が身近でよく見るドライアイスである．アイスクリームなどを買ったときに保冷剤として箱に入れてくれたりする．このように，気体を冷やしたときに液体の状態を経ずに，いきなり固体になる現象を**昇華**（凝華）という（図 14.1）．

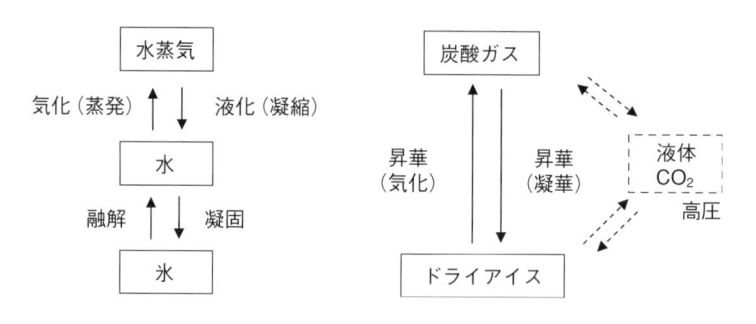

図 14.1 H_2O 分子と CO_2 分子の相変化

　しかし，ここで一つの疑問が浮かぶ．気体は一つ一つの分子が自由に動き回っている状態であり，固体は分子同士がしっかりとくっついて，自由には動き回れない状態である．どのような力によって分子と分子が結合しているのだろうか．固体のドライアイスを常温に置いておけば，簡単に結合が切れて気体の二酸化炭素になるのだから，共有結合のような強い結合であるはずがない．また，CO_2 分子には O－H 結合がないのだから，氷のように水素結合しているはずがない．

　実は，どんな原子でも分子でも水素結合よりもさらに弱い力が働き，固体となる．この力のことを**ファンデルワールス力**といい，ファンデルワールス力による結合のことを**ファンデルワールス結合**という．ファンデルワールスというのは，原子や分子を熱力学的に調べ，原子や分子の間に働く力と体積との関係を明らかにしたオランダの物理学者の名前である．

14.2 分子間の引力と斥力

もしも，磁石と磁石を近づければ，磁気的な引力が働く．4.5節で説明したように，磁石は永久磁気双極子モーメントをもっているからである．同じように，異核二原子分子のように，分子が永久電気双極子モーメントをもっていれば，分子と分子との間に電気的な引力が働くはずである．これは分子間力の一種であり，**双極子ー双極子相互作用**と呼ばれる．この引力に基づくファンデルワールス結合は水素結合とは明らかに違う．何が違うかというと，水素結合の場合には，正の電荷をもつ分子の一部分（たとえば，H_2O 分子の水素）と，負の電荷をもつ分子の一部分（たとえば，H_2O 分子の酸素）との間での電気的な引力が原因となっている．一方，双極子ー双極子相互作用の場合には，分子全体がもつ永久電気双極子モーメントと永久電気双極子モーメントの間の相互作用である．分子全体の形を楕円で表し，永久電気双極子モーメントを矢印で表すと，引力の相互作用は**図14.2**(a)のようになる．

引力によるエネルギーは r^6 に反比例する

斥力によるエネルギーは r^{12} に反比例する

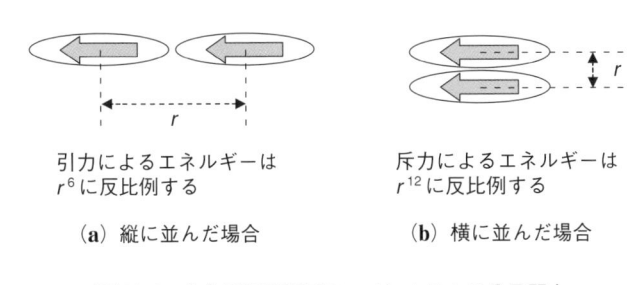

(a) 縦に並んだ場合　　(b) 横に並んだ場合

図14.2 永久電気双極子モーメントによる分子間力

もちろん，磁石と磁石を近づけたときのことを思い浮かべれば，永久電気双極子モーメントが同じ方向で縦に並んだときに，最もエネルギーが低いと想像できる．そのポテンシャルエネルギー（V）の大きさは，双極子と双極子の距離（r）の6乗に反比例する．

$$V_{引力} \propto -r^{-6} \tag{14.1}$$

マイナス符号がついているのは，2.4節で説明したように，無限遠に離れて

いるときを基準の 0 にとり，引力なので r が小さくなればなるほど安定になり，エネルギーが下がるからである．ただし，あまりにも近づき過ぎると，今度は急激に大きな斥力が働くようになる．これは二つの磁石を同じ向きで横に並べようとすると（図 14.2 (b)），猛烈な力が必要なことからも想像がつく．この斥力によるポテンシャルエネルギーは双極子と双極子の距離の 12 乗に反比例する．

$$V_{斥力} \propto r^{-12} \tag{14.2}$$

結局，分子間力によるエネルギーは (14.1) 式と (14.2) 式をあわせて，

$$V = 4\varepsilon\left[\left(\frac{\sigma}{r}\right)^{12} - \left(\frac{\sigma}{r}\right)^{6}\right] \tag{14.3}$$

と表すことができる．この式を**レナード-ジョーンズの式**という．ε および σ は分子の種類に依存する量である．レナード-ジョーンズの式をグラフで表すと **図 14.3** のようになる．これは 3.1 節で説明した等核二原子分子のポテンシャルエネルギー（図 3.2）とよく似ている．等核二原子分子の場合には共有結合の様子を表し，原子核と原子核の距離が近づいたときに，ポテンシャルエネルギーがどのように変化するかを示した．原子核と原子核が近づいて，原子核と原子核の間に存在する負の電荷をもつ電子と，正の電荷をもつ原子核との間で引力が働き，ポテンシャルエネルギーは次第に減少した．しかし，原子核と原子核が近づき過ぎると，今度は逆に，正の電荷をもつ原子核同士の反発のために不安定になり，ポテンシャルエネルギーは高くなっ

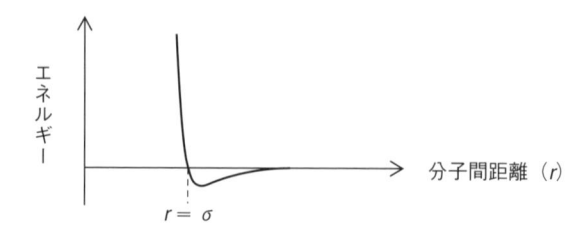

図 14.3 レナード-ジョーンズの式によるポテンシャル曲線

た．そして，最も安定な結合距離のことを平衡核間距離と呼んだ．ファンデルワールス結合の場合も同様に考えればよい．二つの分子が近づくと，レナード-ジョーンズの式の第二項で表される双極子-双極子相互作用によって引力が働くので，ポテンシャルエネルギーが下がり安定になる．しかし，分子が近づき過ぎると，第一項で表される斥力によってポテンシャルエネルギーは急激に上がり，不安定になる．第一項は分子間距離の12乗に反比例しているので，近距離での分子間相互作用を反映し，第二項は分子間距離の6乗に反比例しているので，遠距離での分子間相互作用を反映している．

◉ 14.3　誘起電気双極子モーメントと分子間力

　普通の鉄の釘は永久磁気双極子モーメントをもっていない．しかし，磁石を近づけるとくっつこうとする．その原因は，磁石を近づけることによって釘の中に磁気双極子モーメントが誘起されたからである．これを**誘起磁気双極子モーメント**という．同じように，永久電気双極子モーメントをもった分子が近づくと，永久電気双極子モーメントをもたない原子や分子であっても，電気双極子モーメントが誘起されて（これを**誘起電気双極子モーメント**という）電気的な引力が働く（図14.4）．どうして，このようなことが可能かというと，すでに説明したように，原子や分子の中には正の電荷をもつ原子核と，負の電荷をもつたくさんの電子が含まれているからである．もしも，永久電

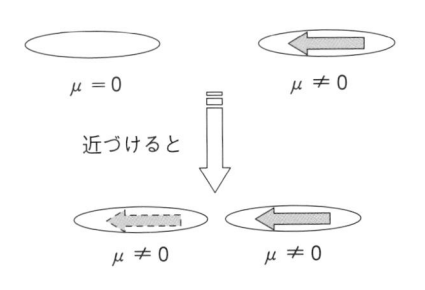

図14.4　永久電気双極子モーメントは電気双極子モーメントを誘起する

気双極子モーメントをもつ分子が，正の電荷をもつ部分で原子や分子に近づくと，動き回っている電子は近づいてくる分子の方へ偏る．つまり，もともとは電気的な偏りがなかった原子や分子に電気的な偏りができ，永久電気双極子モーメントと誘起電気双極子モーメントの間で引力が働く．この分子間力も双極子－双極子相互作用であり，そのポテンシャルエネルギーはやはり距離の6乗に反比例する．したがって，たとえば，異核二原子分子であるHFを等核二原子分子のH_2や貴ガス原子に近づけても，分子間力が働く．

　それでは，永久電気双極子モーメントをもたない分子同士が近づいたときには，分子間力は生まれるのだろうか．実は生まれる．すでに述べたように，原子も分子も正の電荷をもつ原子核と，負の電荷をもつ電子からできている．電子は自由に動き回っていて原子核の周りのどこにでも存在するが，常に等方的に分布しているとは限らない．瞬間，瞬間には電子の存在に偏りができ，誘起電気双極子モーメントが生まれる．そして，もしも，すぐそばに同じように永久電気双極子モーメントをもたない分子がいて，その誘起電気双極子モーメントによって電子の存在が偏れば，その分子にも誘起電気双極子モーメントが生まれることになる（図14.5）．結果的に，二つの分子がともに電気双極子モーメントを誘起する．これまでと同様に，双極子－双極子相互作用なので，その引力によるポテンシャルエネルギーは距離の6乗に反比例する．

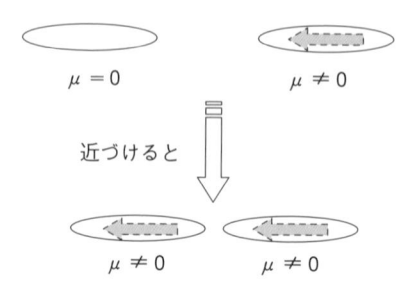

図14.5　誘起電気双極子モーメントも電気双極子モーメントを誘起する

14.3 誘起電気双極子モーメントと分子間力

$$V_{双極子-双極子} \propto -r^{-6} \tag{14.4}$$

(14.4) 式と (14.1) 式は同じように見えるかもしれないがそうではない．(14.1) 式は永久電気双極子モーメントに基づく双極子－双極子相互作用によるポテンシャルエネルギーへの寄与を表している．一方，(14.4) 式は誘起電気双極子モーメントに基づく双極子－双極子相互作用のポテンシャルエネルギーへの寄与を表している．永久電気双極子モーメントをもたなくても，原子や分子の間で働く分子間力のことをとくに**分散力**という．

分散力には双極子－双極子相互作用の他に，双極子－四極子相互作用や四極子－四極子相互作用に基づくものもある．双極子というのは分子の中で正の電荷と負の電荷が一つずつある状態のことである．一方，**四極子**というのは，分子の中で正の電荷が二つと，負の電荷が二つある状態のことである．具体的に CO_2 分子で説明しよう．CO_2 分子は中心の炭素に対して二つの酸素が二重結合していて，左右対称な直線分子である (**図 14.6**)．したがって，4.5 節で述べたように永久電気双極子モーメントはない．しかし，永久電気双極子モーメントがないからといって，分子全体の電子の分布が均一であるというわけではない．酸素は炭素よりも電気陰性度が大きいので (表 2.2)，酸素は少し負の電荷をもち，炭素は少し正の電荷をもつ．つまり，結合モーメントがある．結合モーメントは炭素に対して右にも左にも同じように考えられるので，電荷で考えれば，－＋＋－ となる．これが四極子である．四極子は二つの双極子からできていると考えてよい．もちろん，4.5 節で述べたように，結合モーメントのベクトル和はゼロベクトルになるので，CO_2 分子全体の永久電気双極子モーメントはない．

(14.4) 式で示したように，双極子－双極子相互作用によるポテンシャルエ

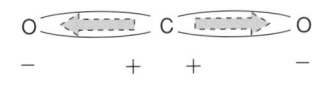

図 14.6　四極子は二つの双極子からできる

ネルギーは距離 (r) の6乗に反比例する．一方，双極子－四極子相互作用によるポテンシャルエネルギーは距離の8乗に反比例する．

$$V_{双極子－四極子} \propto -r^{-8} \tag{14.5}$$

どういうことかというと，距離が離れているときには (r が大きいと)，双極子－四極子相互作用によるポテンシャルエネルギーへの寄与は双極子－双極子相互作用に比べて小さく，逆に，距離が近いときには (r が小さいと)，双極子－四極子相互作用によるポテンシャルエネルギーへの寄与が大きくなる．また，同様に，四極子－四極子相互作用を考えることもできる．四極子－四極子相互作用によるポテンシャルエネルギーへの寄与は距離の10乗に反比例する．つまり，距離が近ければ近いほど四極子－四極子相互作用の影響が大きく，距離が遠ければ遠いほど四極子－四極子相互作用は無視できるようになる．結局，分散力によるポテンシャルエネルギーをまとめると，次のようになる．

$$V_{分散力} = V_{双極子－双極子} + V_{双極子－四極子} + V_{四極子－四極子} \tag{14.6}$$

14.4 分散力と分子結晶

分散力は分子が永久双極子モーメントをもっていてもいなくても働く．そうすると，CO_2 分子も分散力によって結合することができる．とくに，温度が低くなって CO_2 分子同士が近づくと，分散力が大きくなって固体になる．たとえば，分散力によって2個の CO_2 分子が集まると，直角方向に並んだT字形になるといわれている（図 14.7 (a)）．また，3個の CO_2 分子が集まる

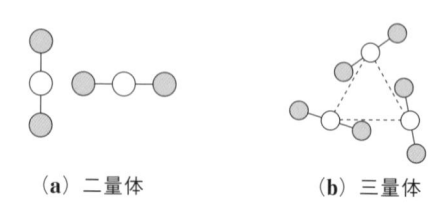

(a) 二量体　　　**(b) 三量体**

図 14.7　CO_2 分子の二量体と三量体の形

14.4 分散力と分子結晶

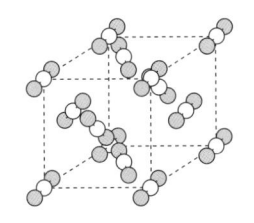

図 14.8 二酸化炭素の分子結晶（ドライアイス）

と，中心のC原子の位置が正三角形になるといわれている（**図 14.7 (b)**）．

さらにたくさんの CO_2 分子が分散力によって秩序よく集まったものが，固体のドライアイスである．一般に分子が分散力によって結合してできる結晶を**分子結晶**という．ドライアイスの結晶構造を **図 14.8** に示す．単位格子は面心立方格子となっている（10.2 節参照）．すでに何度も説明したように，分散力は共有結合や水素結合よりも弱いが，温度を冷やして分子と分子が近づくと，分散力によって結晶ができる．孤立した原子では電子分布が球対称であるHeやNeのような貴ガス元素でさえも，低温になって原子同士の距離が近づくと，双極子や四極子に基づく分散力が働いて結晶ができる．Heの結晶構造は六方最密構造または体心立方構造，Neの結晶構造は立方最密構造であることがわかっている（第10章参照）．

ドライアイスと同じように，有機化合物も分子間力によって結晶ができる．常温で固体の例としては梅酒をつくるときに使う氷砂糖がある[†1]．また，防虫剤として使われるナフタレン（8.4 節を参照）やパラジクロロベンゼンなどがある．パラジクロロベンゼンはベンゼンの向かい合う2個の炭素に，水素の代わりに塩素が結合した分子であり，1,4-ジクロロベンゼンともいう．融点は約54℃であるが，室温，空気中でゆっくりと昇華し（固体から気体になり），衣服などを食い荒らす虫やカビなどが嫌うので，防虫・防カビ剤とし

[†1] 砂糖の成分であるスクロースは二糖類であり，たくさんのOH基をもつので水素結合も関与して，氷のように硬い．

て利用される．9.3節で説明したように，グラファイトもグラフェンが分子間力によって結合した結晶である．また，グラファイトの層と層の間に金属イオンを含む層間化合物や，フラーレンの球の内側に金属イオンを含む内包フラーレンなども，分子間力によってできる化合物である．

14.5 元素のファンデルワールス半径

分子結晶の体積を測れば，原子がもうそれ以上に近づくことができない原子間の距離を計算することができる．その距離の半分を**ファンデルワールス半径**という．ポーリングは様々な分子結晶の構造から，元素のファンデルワールス半径を求めた（**表14.1**）．貴ガス元素を除いて，同じ周期では原子番号が大きくなるにつれて，ファンデルワールス半径は小さくなっている．原子核の電荷が大きくなるにつれて，電子が原子核の近くに引き寄せられているためである．また，同じ族では，原子番号が大きくなるにつれて原子核から離れた原子軌道に電子が入るようになるので，ファンデルワールス半径も大きくなっている．1.5節で説明した元素の半径に関する予測が顕著に現れている．また，ファンデルワールス半径は共有結合半径（表9.2）やイオン半径（表10.3）や金属結合半径（表11.1）の1.2～3倍も長い．ファンデルワールス結合は化学結合の中で最も弱い結合である．

表14.1 代表的な元素のファンデルワールス半径

H 1.20							He 1.40
Li 1.82	Be	B	C 1.70	N 1.55	O 1.52	F 1.47	Ne 1.54
Na 2.27	Mg	Al	Si 2.10	P 1.80	S 1.80	Cl 1.75	Ar 1.88
K 2.75			Ge 2.10	As 2.0	Se 1.90	Br 1.85	Kr 2.02
Rb 3.03			Sn 2.17	Sb 2.2	Te 2.06	I 1.98	Xe 2.16

単位はÅ．

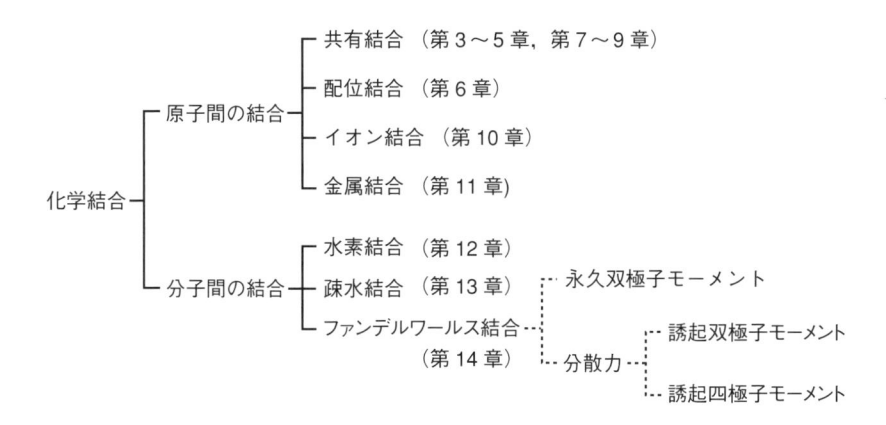

```
化学結合 ┬ 原子間の結合 ┬ 共有結合 （第3〜5章，第7〜9章）
        │              ├ 配位結合 （第6章）
        │              ├ イオン結合 （第10章）
        │              └ 金属結合 （第11章）
        └ 分子間の結合 ┬ 水素結合 （第12章）
                       ├ 疎水結合 （第13章）┈┈ 永久双極子モーメント
                       └ ファンデルワールス結合 ┈┈ 誘起双極子モーメント
                          （第14章）         分散力 ┈┈ 誘起四極子モーメント
```

図 14.9 化学結合のまとめ

　最後に，本書で学んだ化学結合を 図 14.9 にまとめる．最も強い化学結合は共有結合である．配位結合も共有結合の一種として説明した．また，共有結合よりも弱いが，化学結合にはイオン結合や金属結合がある．それぞれの結合によって共有結合結晶（ダイヤモンドなど），イオン結晶（塩化ナトリウムなど），金属結晶（金，銀，銅など）ができる．分子と分子の間にも化学結合はある．最も強い分子間力は水素結合である．氷のように水素結合でできた結晶もある．水素結合と対照的な化学結合として疎水結合もある（ベシクルなど）．また，最も弱い分子間力としてファンデルワールス結合がある．ファンデルワールス結合によって分子結晶（ドライアイスなど）ができる．図 14.9 では結合の強い順番に上から並べた．本書で学んだように，化学結合の本質はすべて電気的な相互作用によって説明できると考えてよい．

演習問題

14.1 冬の北海道などで見られるダイヤモンドダストは，凝固によるものか，昇華によるものか．

14.2 レナード-ジョーンズの式で，最小値を与える r を σ の式で表せ．

14.3 レナード-ジョーンズの式で，ポテンシャルの最小値を ε で表せ．

14.4 レナード-ジョーンズの式で，$r = \sigma/2$ のときのポテンシャルエネルギーを求めよ．

14.5 O_2 の σ の値 3.58 Å から二量体の分子間距離を求めよ．

14.6 He の σ の値 2.56 Å からファンデルワールス半径を求めよ．

14.7 Ne の結晶構造は ccp 構造である．格子定数 4.464 Å からファンデルワールス半径を求めよ．

14.8 ^{3}He と ^{4}He のファンデルワールス半径はどちらが大きいか．

14.9 He 原子 1 個の体積はどのくらいか．表 14.1 の値から求めよ．

14.10 1 モルの He の固体の体積はどのくらいか．

コラム

「分子間相互作用」と「人間相互作用」

分子と分子が近づいて相互作用することを分子間相互作用という．同じように，人と人が近づいて相互作用することを人間相互作用という．人間は「にんげん」ではなく「じんかん」と読む．「じんかん」は社会のことである．幕末の僧である月性のつくった漢詩の中にも出てくる．

　　男子立志出郷関　学若無成死不還　埋骨豈期墳墓地　**人間**到処有青山

高校 3 年の漢文の授業で習い，その数か月後に故郷の豊橋を離れ，東京に出てきてから，ちょうど 40 年になる．今でも，忘れられない漢詩の一つである．

　社会の中では必ず人と人との間で相互作用が起こる．普段は何も感じていない相手でも，感謝の気持ちで付き合うと，相手も感謝の気持ちで付き合ってくれる．相手を嫌なやつだと思うと，相手も自分のことを嫌なやつだと思う．まさに，この章で学んだ「双極子－双極子相互作用」あるいは「四極子－四極子相互作用」と同じである．人は分子からできている．分子間相互作用で成り立つ法則は，人間相互作用でも成り立つはずである．同僚であったり，上司であったり，後輩であったり，どうしても嫌なやつと付き合わなければならないときにどうするか．そのようなときには，……相手を好きになると，意外に解決することもある．

参 考 資 料

『IUPAC 物理化学で用いられる量・単位・記号［第3版］』日本化学会 監修，講談社 (2009).

日本化学会 編『化学便覧 基礎編［改訂5版］』丸善 (2004).

Handbook of Chemistry and Physics, 84th Ed., Ed. by Lide, D. R., CRC Press (2003).

参 考 書

中田宗隆『化学 —基本の考え方13章［第2版］』東京化学同人 (2011).

池田憲昭・大島 巧・大野 健・久司佳彦・益山新樹『化学序説』学術図書出版社 (1997).

吉岡甲子郎『物理化学大要［第2次改著］』養賢堂 (1984).

マッカーリ・サイモン『物理化学 —分子論的アプローチ（上）（下）』千原秀昭・江口太郎・斉藤一弥 訳，東京化学同人 (2000).

大野公一『量子化学』物理化学入門シリーズ，裳華房 (2012).

原田義也『量子化学』基礎化学選書12，裳華房 (1978).

大野公一・山門英雄・岸本直樹『図説 量子化学 —分子軌道への視覚的アプローチ』化学サポートシリーズ，裳華房 (2002).

中田宗隆『量子化学 —基本の考え方16章』東京化学同人 (1995).

中田宗隆『量子化学 II —分光学理解のための20章』東京化学同人 (2004).

中田宗隆『量子化学 III —化学者のための数学入門12章』東京化学同人 (2005).

中田宗隆『量子化学 —演習による基本の理解』東京化学同人 (2006).

米澤貞次郎・永田親義・加藤博史・今村 詮・諸熊奎治『改訂 量子化学入門（下）』化学同人 (1969).

ケルト，S.F.A.『錯体の化学』培風館 (1972).

荻野 博・飛田博実・岡崎雅明『基本無機化学［第2版］』東京化学同人 (2006).

原田義也『化学熱力学［修訂版］』裳華房 (2002).

演習問題の略解

第1章 原子の構造と性質
1.1 アップは $+(2/3)e$, ダウンは $-(1/3)e$; **1.2** ^{3}He; **1.3** ^{7}Li; **1.4** 1836倍; **1.5** 1.23×10^{-12} J; **1.6** ^{139}I; **1.7** 2.0×10^{-26} kg; **1.8** 0.023%; **1.9** 2倍; **1.10** 同じ.

第2章 原子軌道と電子配置
2.1 K殻2個, L殻8個, M殻12個; **2.2** 4個; **2.3** $(1s)^2(2s)^2(2p)^6(3s)^2(3p)^6(4s)^2(3d)^2$; **2.4** n^2; **2.5** 4d軌道; **2.6** BeとNe; **2.7** カルコゲン; **2.8** 4f軌道の電子数; **2.9** F; **2.10** 4価(Si^{4+}).

第3章 分子軌道と共有結合
3.1 $(\sigma_{1s})^1$; **3.2** $(\sigma_{1s})^2(\sigma_{1s}^*)^1$; **3.3** 0.5; **3.4** 0.5; **3.5** $H_2^+ > H_2 > H_2^-$; **3.6** H_2^+ と H_2^-; **3.7** $3(N_2), 2(O_2), 1(F_2)$; **3.8** B_2 と O_2; **3.9** $(\sigma_{1s})^2(\sigma_{1s}^*)^2\cdots(\sigma_{3s})^2(\sigma_{3s}^*)^2(\pi_{3p})^2$; **3.10** π_{3p}.

第4章 異核二原子分子と電気双極子モーメント
4.1 $(1\sigma)^2(2\sigma)^1$; **4.2** $(1\sigma)^2(2\sigma)^2(3\sigma)^1$; **4.3** 平均値は1.225 Å でCO結合よりも長い. COの結合次数が大きいから; **4.4** $(1\sigma)^2(2\sigma)^2(3\sigma)^2(4\sigma)^2(1\pi)^4$, 結合次数は2; **4.5** $(1\sigma)^2(2\sigma)^2(3\sigma)^2(4\sigma)^2(1\pi)^4$, 結合次数は2; **4.6** 12個; **4.7** 13個; **4.8** 電気陰性度の差; **4.9** $(6.328 \times 3.33564 \times 10^{-30})/(1.564 \times 10^{-10}) = 1.35 \times 10^{-19}$ C, $(1.35 \times 10^{-19}/1.6022 \times 10^{-19}) \times 100 = 84\%$; **4.10** $(2.82 \times 10^{-10} \times 1.6022 \times 10^{-19})/(3.33564 \times 10^{-30}) = 13.5$ D.

第5章 混成軌道と分子の形
5.1 $\begin{pmatrix} \chi_1 \\ \chi_2 \end{pmatrix} = \begin{pmatrix} 1/\sqrt{2} & 1/\sqrt{2} \\ 1/\sqrt{2} & -1/\sqrt{2} \end{pmatrix} \begin{pmatrix} \chi_{2s} \\ \chi_{2p_z} \end{pmatrix}$; **5.2** $\begin{pmatrix} \chi_1 \\ \chi_2 \\ \chi_3 \end{pmatrix} = \begin{pmatrix} 1/\sqrt{3} & \sqrt{2}/\sqrt{3} & 0 \\ 1/\sqrt{3} & -1/\sqrt{6} & 1/\sqrt{2} \\ 1/\sqrt{3} & -1/\sqrt{6} & -1/\sqrt{2} \end{pmatrix} \begin{pmatrix} \chi_{2s} \\ \chi_{2p_z} \\ \chi_{2p_x} \end{pmatrix}$;

5.3 たとえば, 第1行は $(1/\sqrt{3})^2 + (\sqrt{2}/\sqrt{3})^2 + 0^2 = 1/3 + 2/3 = 1$, 第1行と第2行の積は $(1/\sqrt{3})(1/\sqrt{3}) - (\sqrt{2}/\sqrt{3})(1/\sqrt{6}) + 0 \times (1/\sqrt{2}) = 1/3 - 1/3 = 0$;

演習問題の略解　　171

5.4 $\sin(\theta/2) = \sqrt{2}/\sqrt{3}$ より，$\theta = 109.471\cdots°$；　**5.5** (a) 二等辺三角形，(b) 直線形，(c) 直線形，(d) 二等辺三角形；

5.6 (a) Cl–C(=O)–Cl　(b) O=S(Cl)(Cl) with lone pair　(c) ClF₃ T字形；

5.7 (a) SiF₄　(b) POF₃　(c) OSF₄　(d) OSF₂

5.8 CO_2 と SiF_4；　**5.9** 小さい；　**5.10** Al_2Cl_6 二量体構造

第6章　配位結合と金属錯体

6.1 H^- に H^+ が配位；　**6.2** $H_3N \rightarrow BH_3$，sp^3 混成軌道；　**6.3** 4個；

6.4 7個；　**6.5** ――― 4p，sp混成軌道；　**6.6** +1価；
（3d 軌道 ↑↓↑↓↑↓↑↓↑，4s ―）

6.7 ――― 4p sp^3 混成軌道，正四面体形，
（3d ↑↓↑↓↑↓↑↓↑↓，4s ―）電気双極子モーメントはない；

6.8 ↑↓ ↑↓ ↑↓ ―― ；

6.9 $[Fe(CN)_6]^{3-}$ ↑↓ ↑↓ ↑ ―― ，$[FeF_6]^{3-}$ ↑ ↑ ↑ ↑ ↑；

6.10 トランス形, シス形

第7章 有機化合物の単結合と異性体

7.1 ゴーシュ配座, トランス配座 ； 7.2 1種類；
7.3 CH_3-CH_2-CH_2-CH_2-CH_3, CH_3-$CH(CH_3)$-CH_2-CH_3, CH_3-$C(CH_3)_2$-CH_3； 7.4 7種類； 7.5 2種類； 7.6 省略； 7.7 CH_3-CH_2-CH_2OH, CH_3-$CH(OH)$-CH_3, CH_3-O-CH_2-CH_3； 7.8 3種類； 7.9 2種類； 7.10 ない(グリシン)，ある(アラニン).

第8章 π結合と共役二重結合

8.1 sp^2混成軌道； 8.2 分子平面内で120°の方向； 8.3 平面分子； 8.4 $\pi_1 = \pi_A + \pi_B + \pi_C$, $\pi_2 = \pi_A + \pi^*_B - \pi_C$, $\pi_3 = \pi_A - \pi_B + \pi_C$, $\pi_4 = \pi^*_A - \pi^*_B + \pi^*_C$, $\pi_5 = \pi^*_A + \pi_B - \pi^*_C$, $\pi_6 = \pi^*_A + \pi^*_B + \pi^*_C$； 8.5 $\pi_1 < \pi_2 < \pi_3 < \pi_4 < \pi_5 < \pi_6$； 8.6 $(\pi_1)^2(\pi_2)^2(\pi_3)^2$； 8.7 トランス-トランス，トランス-シス，シス-シス； 8.8 共鳴構造が書けない．中心の炭素に水素が結合すれば書ける； 8.9 1-ブテン； 8.10 1,2-ジメチルベンゼン (o-キシレン), 1,3-ジメチルベンゼン (m-キシレン), 1,4-ジメチルベンゼン (p-キシレン).

第9章 共有結合と巨大分子

9.1 ； 9.2

9.3 , ；

演習問題の略解　173

9.4

イソタクチック，　シンジオタクチック ;

9.5 sp混成軌道；　**9.6** sp混成軌道；　**9.7** 1.5重結合；　**9.8** 同じ；
9.9 8個；　**9.10** リン（赤リン，黄リンなど）．

第10章　イオン結合とイオン結晶

10.1 $1.34 + 0.71 = 2.05$ Å；　**10.2** $0.90 + 1.19 = 2.09$ Å；　**10.3** $(5.64/2) \times \sqrt{2} = 3.99$ Å；　**10.4** 10.3と同じ；　**10.5** $6 \times (1/2) + 8 \times (1/8) = 4$ 個；
10.6 10.5と同じ；　**10.7** $(4.12 \times \sqrt{3})/2 = 3.57$ Å；　**10.8** $(5.46 \times \sqrt{3})/4 = 2.36$ Å；　**10.9** $5.20/2 = 2.60$ Åと $0.86 + 1.70 = 2.56$ Å；　**10.10** $(5.42 \times \sqrt{3})/4 = 2.35$ Å．

第11章　金属結合と金属結晶

11.1 非金属；　**11.2** 半金属；　**11.3** $(1/19.32) \times 10^{-6}/10^{-10} = 518$ Å；　**11.4** $(\sqrt{3} - \pi/2)a^2$；　**11.5** $(\pi/2\sqrt{3}) \times 100 = 90.7\%$；　**11.6** 立方最密構造だから面の対角線を$\sqrt{2}$で割ると$(1.44 \times 4)/\sqrt{2} = 4.07$ Å；　**11.7** 体心立方構造だから立方体の対角線を$\sqrt{3}$で割ると$(1.52 \times 4)/\sqrt{3} = 3.51$ Å；　**11.8** 六方格子だから$a = 1.11 \times 2 = 2.22$ Å，$c = (2\sqrt{2}/\sqrt{3}) \times 2.22 = 3.63$ Å；　**11.9** 体心立方構造だから$(4.295 \times \sqrt{3})/4 = 1.86$ Å；　**11.10** 立方最密構造だから$(3.615 \times \sqrt{2})/4 = 1.28$ Å．

第12章　水素結合と生体分子

12.1 $T℃ = (T + 273.15)$ K；　**12.2** 結晶構造が異なる；　**12.3** 氷の結晶には隙間ができる；　**12.4** 変わらない；
12.5 H–F·····H–F；　**12.6** H₂N–H·····NH₂（アンモニア水素結合図）；　**12.7** 水分子の環状水素結合図

12.8 カテコールは分子内水素結合, ヒドロキノンは分子間水素結合. カテコールのほうが水に溶けやすい (ヒドロキノンは水よりもヒドロキノンと水素結合する).

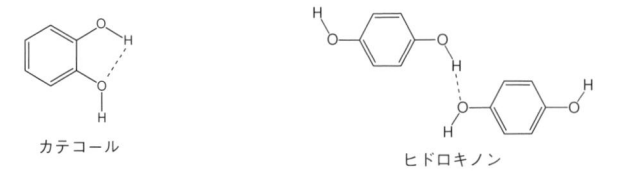

12.9 ヒドロキノンが高い; 12.10

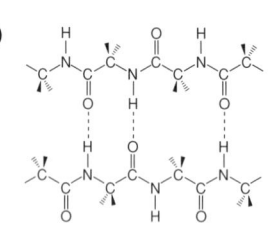

第13章 疎水結合と界面活性剤

13.1 ステアリン酸; 13.2 大きくなる. 無機電解質イオンは水との結合力が強いから; 13.3 ベンゼン. π電子による分子間力が大きいから. 沸点を比べてもわかる; 13.4 毛細管現象; 13.5 陽イオン界面活性剤; 13.6 化粧品; 13.7 $C_{18}H_{37}SO_4^- Na^+$;

13.8 ; 13.9 省略;

13.10 両親媒性分子が水－脂質－水－脂質－水 … のように規則的に積み重なった多層膜構造.

第14章 ファンデルワールス結合と分子結晶

14.1 昇華; 14.2 レナード-ジョーンズの式をrで微分してゼロとおく. $\sqrt[6]{2}\,\sigma$; 14.3 14.2の答えを式に代入する. $-\varepsilon$; 14.4 16128ε; 14.5 $\sqrt[6]{2} \times 3.58 = 4.02$ Å; 14.6 $(2.56 \times \sqrt[6]{2})/2 = 1.437$ Å; 14.7 $(4.464 \times \sqrt{2})/4 = 1.578$ Å; 14.8 同じ. 万有引力は近距離で無視できる; 14.9 $(4/3)\pi \times (1.4 \times 10^{-8})^3 = 1.15 \times 10^{-23}$ cm^3; 14.10 $1.15 \times 10^{-23} \times 6.02 \times 10^{23} = 7.0$ cm^3.

索　引

ア

アイソトープ　3
アインシュタイン　4
アキシアル　81
アクア錯体　64
アセチレン　87
アップ　2
アデニン　143
アトム　1
油　146
脂　146
アボガドロ定数　8
アミド結合　142
アミノ基　142
アミノ酸　142
アルカリ金属元素　21
アルミホイル　132
アレン　88
アントラセン　93
アンミン錯体　64
アンモニア　54
アンモニウムイオン　63

イ

飯島澄夫　103
イオン化エネルギー
　　22, 29
イオン結合　110
イオン結合距離　112
イオン結晶　111
イオン半径　116
異核二原子分子　37
いす形配座　81
異性体　71
イソブタン　78
イソプレン　100

ウ

ウルツ鉱型　119, 128, 138
運搬タンパク質　155

エ

永久磁気双極子モーメント　159
永久電気双極子モーメント　159
液化　158
エクアトリアル　81
エステル結合　146
エタノール　82, 139, 140
エタン　75
エチルアミン　82
エチレン　85
エチレンジアミン　65
エナンチオマー　83
エネルギーギャップ　123
エネルギー準位　19
エネルギーの保存則　4
塩化ナトリウム　109
延性　121, 125

オ

折りたたみ　145
オレイン酸　146

一

一酸化炭素　42
一酸化窒素　44
陰イオン界面活性剤　149

カ

カーボンナノチューブ　103
貝殻　116
回転異性体　79, 94
回転障壁　77
界面　147
界面活性剤　147
解離エネルギー　27
　　等核二原子分子の
　　── 34
核子　2
核種　2
核分裂　6
核融合　6
核力　5
重なり配座　76
過酸化水素　75
カテコール　144
価電子　15
価電子数　15
価電子帯　123
カリウムチャネル　155
カルシウムチャネル　155
カルボキシ基　142
カルボニル錯体　64
環反転　82

キ

気化　158
幾何異性体　71, 94
　　スチルベンの──　95
　　ブタジエンの──　95

規格化定数　51
貴ガス（希ガス）元素
　　21
ギ酸　139
逆平行βシート構造
　　142
球状ミセル　152
凝固　158
凝縮　158
鏡像異性体　82, 83
共鳴構造　92
共役二重結合　90
共有結合　26
　　Liの——　124
共有結合結晶　111
共有結合半径　107
ギレスピー　55
金　121
金属結合　124
　　Liの——　124
金属結合半径　131
金属結晶　125
金属光沢　122, 126
金属錯体　63
金箔　125

ク

グアニン　143
空間格子　106
空軌道　52
クーロン　2
グラファイト　102, 141
グラフェン　93, 101, 141
グリセリン　146
2-クロロブタン　83

ケ

軽水素　2

結合エネルギー　5, 22,
　　27
　　アセチレンの——
　　　88
　　エタンの——　88
　　エチレンの——　88
　　等核二原子分子の
　　　——　34
結合距離　34
　　アセチレンの——
　　　88
　　異核二原子分子の
　　　——　44
　　エタンの——　88
　　エチレンの——　88
　　水素化物の——　42
　　等核二原子分子の
　　　——　34
結合次数　34
結合性軌道　28
結合モーメント　135
結晶　111
結晶形　103
結晶格子　106
結晶場理論　69
ケルビン　134
原子　1
　　——の半径　11
原子核　2
　　——の半径　10
原子軌道　15
原子軌道関数　15
原子数百分率　9
原子番号　3
原子量　8
元素　3
元素記号　3
元素鉱物　111

コ

格子定数　112
高スピン状態　69
構造異性体　78
高分子　99
ゴーシュ配座　79
氷　158
　　——の結晶構造　138
小型ミセル　152
黒鉛　102
孤立電子対　54
コリン　153
混成軌道　50

サ

最外殻電子　14
最密充填　128
酢酸　139
砂糖　109
酸化水素　74
サンゴ　116
三重水素　2
三重点　134
三中心二電子結合　59

シ

塩　109
磁気双極子モーメント
　　46
四極子　163
四極子－四極子相互作用
　　163
磁気量子数　15
シクロブタジエン　96
シクロヘキサトリエン
　　92
シクロヘキサン　81
シス形　71, 94

質量欠損　3
質量数　3
シトシン　143
1,2-ジヒドロキシベンゼン　144
1,4-ジヒドロキシベンゼン　144
脂肪酸　146
ジボラン　52,59
ジメチルアミン　82
ジメチルエーテル　82
シャノン　116
周期表　20
重合体　99
重水素　2
自由電子　124
柔軟性　75
縮重　19
縮退　19
主量子数　15
シュレーディンガー方程式　15
昇華　158
常磁性　20,68
状態変化　133
蒸発　158
白川英樹　100
親水性　145

ス
水蒸気　158
水素　2,29
水素結合　135
水溶液　140
スクロース　109
スチルベン　95
ステアリン酸　146

セ
石英　118
石灰岩　116
セルシウス　134
閃亜鉛鉱型　118,129,138
遷移金属　122
遷移元素　63
洗剤　150

ソ
層間化合物　165
双極子－四極子相互作用　163
双極子－双極子相互作用　159
層状化合物　102
相対原子質量　8
相変化　133
族　15
疎水結合　145
疎水性　145
素粒子　1

タ
第一遷移金属元素　64
体心立方格子　130
体心立方構造　165
ダイヤモンド　105,139
ダイヤモンドダスト　167
大理石　116
ダウン　2
多原子分子　49
多様性　75
単位格子　112
炭化水素　41,73
炭酸ガス　157,158

炭酸カルシウム　116
単純格子　113
単純立方格子　113
炭素化合物　73
単体　21
タンパク質　142
単分子膜　150
単量体　99

チ
窒化水素　42,74
チミン　143
チャネルタンパク質　155
中性子　2
超新星　6

テ
低スピン状態　69
テトラクロロエチレン　156
デバイ　47
デモクリトス　1
デュワー型　96
電気陰性度　23
　ポーリングの――　23
　マリケンの――　23
電気双極子モーメント　45
電気素量　2
電気伝導性　100,121
典型金属　122
典型元素　63
電子　2
電子回折　36
電子構造モデル　13
電子親和力　23,29

索　引

電子スピン　19, 29
電子配置　20
　　第一遷移金属元素
　　　の——　63
　　等核二原子分子の
　　　——　33
展性　121, 125
伝導帯　123
天然ゴム　100

ト

同位体　3
等核二原子分子　29, 33
同素体　107
ドライアイス　156, 158, 165
トランス形　71, 94
トランス配座　79

ナ

内殻電子　15
内部回転　76
内包フラーレン　165
ナトリウムイオンポンプ　155
ナトリウムチャネル　155
ナフタセン　93
ナフタレン　93, 165

ニ

にがり　116
二酸化炭素　157
二重らせん　143
二分子膜　152
ニューマン投影図　76
二量体　59
　　酢酸の——　139

　　ボランの——　59

ネ

ねじれ配座　76
ねじれ舟形配座　81
熱伝導性　121

ハ

配位結合　63
配位子　64
配座異性体　79, 94
パウリの排他原理　20, 29
パッカリング　82
波動関数　15
パラジクロロベンゼン　165
パルミチン酸　146
ハロゲン元素　21
半金属元素　122
反結合性軌道　29
反磁性　20, 68
半導体　124
バンドギャップ　123

ヒ

非イオン界面活性剤　149
非共有電子対　54
非金属元素　122
ヒドラジン　75
ヒドロキノン　144
表面張力　147, 148
ピリジン　96
ピレン　93

フ

ファク(fac)形　71

ファンデルワールス結合　102, 158
ファンデルワールス半径　166
ファンデルワールス力　158
フォスファチジルコリン　153
不活性ガス　21
節　91
不斉炭素原子　83
ブタジエン　90, 95
ブタン　78
不対電子　34, 99
フッ化カルシウム　114
フッ化水素　140
舟形配座　81
不飽和脂肪酸　146
フラーレン　105, 165
プラスチック　99
プラズマ振動　127
プロパン　77
分散力　163
分子間力　141
分子軌道　27
分子結晶　165
分子内回転　76
フントの規則　20

ヘ

平行 β シート構造　142
平衡核間距離　27
ヘキサトリエン　92
ヘキサン　80
ベシクル　153
ペプチド結合　142
ベンゼン　92
ペンタン　80

索引

ホ
方位量子数　15
飽和脂肪酸　146
飽和度　146
ボーア半径　10,17
ポーリング　23,166
ホタル石　114,120
ポテンシャル曲線　26
ポリアセチレン　99
ポリエチレン　99
ポリシラン　75
ポリプロピレン　99
ポリマー　99

マ
膜タンパク質　154
マリケン　23

ミ，ム
水　55,133,158
水の密度　134,137
ミセル　151
無機化合物　73

メ
メール (mer) 形　71
メタノール　139
メタン　53
メチル基　73
2-メチルプロパン　78
メチレン基　73
面心格子　111
面心立方格子　111

モ
モノマー　99
モル　8

ユ
融解　158
有機化合物　73
誘起磁気双極子モーメント　161
誘起電気双極子モーメント　161
湯川秀樹　5
油脂　146

ヨ
陽イオン　21
陽イオン界面活性剤　149
陽子　2

ラ
ラウリン酸　156
ラジカル分子　34,99
ラメラ構造　156

リ
立体異性体　78
立方最密構造　129,165
立方晶系　111
リノール酸　146
α-リノレン酸　147
リポソーム　154
硫酸マグネシウム　116
量子論　15
両親媒性　147
両性界面活性剤　149
臨界ミセル濃度　151
リン脂質　153

レ
レシチン　153
レナード-ジョーンズの式　160

ロ
六方格子　119
六方最密構造　128,165
六方晶系　119

欧文など
α 型グラファイト　102,128
α ヘリックス構造　142
α 粒子　9
β 型グラファイト　102,129
β シート構造　142
β^- 崩壊　8
π-π 結合　102,141
π 軌道　32,86
π^* 軌道　86
π_{2p} 軌道　33
π_{2p}^* 軌道　33
π_{2p_x} 軌道　33
$\pi_{2p_x}^*$ 軌道　33
π_{2p_y} 軌道　33
$\pi_{2p_y}^*$ 軌道　33
π 結合　87
σ 軌道　32,86
σ_{1s} 軌道　31
σ_{1s}^* 軌道　31
σ_{2s} 軌道　31
σ_{2s}^* 軌道　31
σ_{2p_z} 軌道　32
$\sigma_{2p_z}^*$ 軌道　32
σ 結合　86
1s 軌道　16
2p_x 軌道　16
2p_y 軌道　16
2p_z 軌道　16

2s 軌道　16
6 配位　112
bcc 構造　130
ccp 構造　129
CMC　151
CaF_2 型　114
CsCl 型　113
d 軌道　64
dsp^2 混成軌道　67
DNA　143
E 体　93
fcc 構造　129
K 殻　13
L 殻　13
M 殻　13
N 殻　13
NaCl 型　112
$[NiCl_4]^{2-}$　65
$[Ni(CN)_4]^{2-}$　65
$[Ni(en)_3]^{2+}$　65
$[Ni(NH_3)_6]^{2+}$　65
R 体　83
S 体　83

sp 混成軌道　50
sp^2 混成軌道　51
sp^3 混成軌道　53, 66
sp^3d^2 混成軌道　69
VSEPR 理論　55, 70
Z 体　93

化 合 物 名

BH　40
BH_3　52
B_2H_6　52, 59
BO　44
Be_2Cl_4　59
Be_2　31
BeH　38
BeH_2　51
BrF_5　58
C_{60}　105
C_{70}　105
$CaCO_3$　116
CaF_2　114
CF　45

CH　41
CN　45
CN^-　65
CO　42
CO_2　157
H_2O　55
H_2　29
He_2　30
HF　140
Li_2　31
LiH　37
$MgSO_4$　116
NCS^-　65
NH　42
NH_3　54
NH_4^+　63
NO　44
OH　42
PF_5　58
SF_4　58
SF_6　58

著者略歴

中田 宗隆（なかた むねたか）
1953年　愛知県に生まれる
1977年　東京大学理学部化学科卒業
1981年　東京大学理学部化学科助手
1987年　広島大学理学部化学科講師
1989年　東京農工大学農学部助教授
1995年　東京農工大学大学院生物システム応用科学府教授
　　　　現在に至る

物理化学入門シリーズ　化学結合論

2012年9月25日　第1版1刷発行
2018年3月10日　第3版1刷発行

著作者	中 田 宗 隆
発行者	吉 野 和 浩
発行所	東京都千代田区四番町8-1 電話　03-3262-9166（代） 郵便番号　102-0081 株式会社　裳 華 房
印刷所	株式会社　三報社印刷株式会社
製本所	株式会社　松 岳 社

検印省略

定価はカバーに表示してあります．

社団法人　自然科学書協会会員

JCOPY　〈(社)出版者著作権管理機構　委託出版物〉
本書の無断複写は著作権法上での例外を除き禁じられています．複写される場合は，そのつど事前に，(社)出版者著作権管理機構（電話03-3513-6969，FAX 03-3513-6979, e-mail: info@jcopy.or.jp）の許諾を得てください．

ISBN 978-4-7853-3417-8

© 中田宗隆, 2012　　Printed in Japan

物理化学入門シリーズ

各A5判，以下続刊

物理化学の最も基本的な題材を選び，それらを初学者のために，できるだけ平易に，懇切に，しかも厳密さを失わないように，解説する．

反応速度論

真船文隆・廣川 淳 著　236頁／定価（本体2600円＋税）

　反応速度論の基礎から反応速度の解析法，固体表面反応，液体反応，光化学反応など，幅広い話題を丁寧に解説した反応速度論の新たなるスタンダード．
　付録では発展的内容も扱っており，初学者から大学院生まで，反応速度論を学ぶ礎となる一冊．
【主要目次】1. 反応速度と速度式　2. 素反応と複合反応　3. 定常状態近似とその応用　4. 触媒反応　5. 反応速度の解析法　6. 衝突と反応　7. 固体表面での反応　8. 溶液中の反応　9. 光化学反応

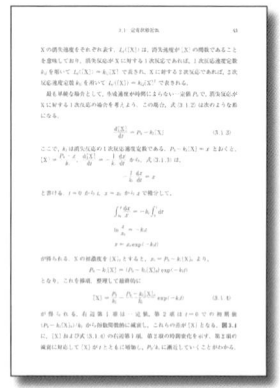

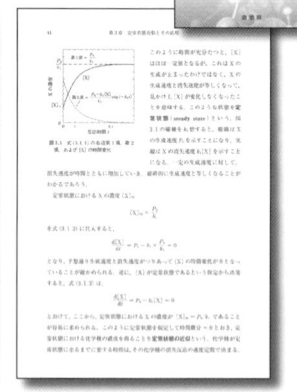

量子化学

大野公一 著　264頁／定価（本体2700円＋税）

　量子論の誕生から最新の量子化学までを概観し，量子化学の基礎となる考え方や技法を，初学者を対象に丁寧に解説．根本的に重要でありながらあまり説明されてこなかった事項や，応用分野に役立つ事項を含めつつも題材を精選し，量子化学の最重要事項を学べるよう工夫されている．
　数学が苦手な読者のため，付録として数学・物理学の初歩も収録した．
【主要目次】1. 量子論の誕生　2. 波動方程式　3. 箱の中の粒子　4. 振動と回転　5. 水素原子　6. 多電子原子　7. 結合力と分子軌道　8. 軌道間相互作用　9. 分子軌道の組み立て　10. 混成軌道と分子構造　11. 配位結合と三中心結合　12. 反応性と安定性　13. 結合の組換えと反応の選択性　14. ポテンシャル表面と化学　付録

化学熱力学

原田義也 著　212頁／定価（本体2200円＋税）

　初学者を対象に，化学熱力学の基礎を，原子・分子の概念も援用してわかりやすく丁寧に解説．また，数式の導出過程も省略することなく詳しく記してあるので，式を一歩一歩たどることで，とかくわかりづらい化学熱力学の諸概念を，論理的に正確に理解することができる．
　数学が苦手な読者のため，付録として数学および力学の初歩も収録した．
【主要目次】1. 序章　2. 気体　3. 熱力学第1法則　4. 熱化学　5. 熱力学第2法則　6. エントロピー　7. 自由エネルギー　8. 開いた系　9. 化学平衡　10. 相平衡　11. 溶液　12. 電池

裳華房ホームページ　https://www.shokabo.co.jp/

表 B.1　化学でよく使われる基本物理定数

量	記号	数値
真空中の光速度	c	2.99792458×10^8 m s^{-1}（定義）
電気素量	e	$1.602176565(35) \times 10^{-19}$ C
プランク定数	h	$6.62606957(29) \times 10^{-34}$ J s
	$\hbar = h/(2\pi)$	$1.054571726(47) \times 10^{-34}$ J s
原子質量定数	$m_u = 1$ u	$1.660538921(73) \times 10^{-27}$ kg
アボガドロ定数	N_A	$6.02214129(27) \times 10^{23}$ mol^{-1}
電子の静止質量	m_e	$9.10938291(40) \times 10^{-31}$ kg
陽子の静止質量	m_p	$1.672621777(74) \times 10^{-27}$ kg
中性子の静止質量	m_n	$1.674927351(74) \times 10^{-27}$ kg
ボーア半径	$a_0 = \varepsilon_0 h^2/(8 m_e e^2)$	$5.2917721092(17) \times 10^{-11}$ m
真空の誘電率	ε_0	$8.854187817 \times 10^{-12}$ C^2 N^{-1} m^{-2}（定義）
ファラデー定数	$F = N_A e$	$9.64853365(21) \times 10^4$ C mol^{-1}
気体定数	R	$8.3144621(75)$ J K^{-1} mol^{-1}
		$= 8.205736 1(74) \times 10^{-2}$ dm^3 atm K^{-1} mol^{-1}
		$= 8.3144621(75) \times 10^{-2}$ dm^3 bar K^{-1} mol^{-1}
セルシウス温度目盛におけるゼロ点	T_0	273.15 K（定義）
標準大気圧	P_0, atm	1.01325×10^5 Pa（定義）
理想気体の標準モル体積	$V_m = RT_0/P_0$	$2.241 3968(20) \times 10^{-2}$ m^3 mol^{-1}
ボルツマン定数	$k_B = R/N_A$	$1.3806488(13) \times 10^{-23}$ J K^{-1}
自由落下の標準加速度	g_n	9.80665 m s^{-2}（定義）

数値は CODATA（Committee on Data for Science and Technology）2010 年推奨値．
（ ）内の値は最後の 2 桁の誤差（標準偏差）．

表 B.2　エネルギーの換算

単 位	J	cal	dm^3 atm
1 J	1	2.39006×10^{-1}	9.86923×10^{-3}
1 cal	4.184	1	4.12929×10^{-2}
1 dm^3 atm	1.01325×10^2	2.42173×10^1	1

単 位	J	eV	kJ mol^{-1}	cm^{-1}
1 J	1	6.24151×10^{18}	6.02214×10^{20}	5.03412×10^{22}
1 eV	1.60218×10^{-19}	1	9.64853×10^1	8.06554×10^3
1 kJ mol^{-1}	1.66054×10^{-21}	1.03643×10^{-2}	1	8.35935×10^1
1 cm^{-1}	1.98645×10^{-23}	1.23984×10^{-4}	1.19627×10^{-2}	1